“探索·发现”新阅读
TANSUO FAXIAN XIN YUEDU

让孩子大开眼界的史前动物

Rang Haizi Dakai Yanjie De Shiqian Dongwu

◆ 陈书凯 编著

中国纺织出版社

内 容 提 要

本书讲述了那些在人类产生之前存在过，但现在已经完全灭绝的动物的故事，其中既有早期海洋中的巨无霸——奇虾，又有统治过地球好几亿年的恐龙家族，还有后来与哺乳动物争霸的巨大鸟类。总之，可谓一部地球的进化简史。

图书在版编目（CIP）数据

让孩子大开眼界的史前动物 / 陈书凯主编. -- 北京：中国纺织出版社，2013.1（2024.4重印）
（“探索・发现”新阅读）
ISBN 978-7-5064-9345-1

Ⅰ.①让… Ⅱ.①陈… Ⅲ.①古动物学－少儿读物 Ⅳ. ①Q915-49

中国版本图书馆 CIP 数据核字（2012）第 258174 号

策划编辑：欧　锋　　责任编辑：曲小月　　责任印制：储志伟

中国纺织出版社出版发行
地址：北京东直门南大街6号　邮政编码：100027
邮购电话：010—64168110　传真：010—64168231
http://www.c-textilep.com
E-mail:faxing@c-textilep.com
北京兰星球彩色印刷有限公司印刷　各地新华书店经销
2013 年 1 月第 1 版　2024年4月第2次印刷
开本：787 × 1092　1/16　印张：12
字数：160千字　定价：59.80元

前 言

美丽而神奇的大千世界中，隐藏着许许多多的奥秘。昨日的谜题已经被前人解开，面对今天的谜团和未知，我们广大青少年朋友又怎能无动于衷呢?

为了满足广大青少年朋友对大自然、人类和宇宙的各种好奇心，提升求知欲，激发青少年朋友对未解之谜的兴趣热情、对未来科学问题的探索之志，我们精心策划并出版了这套丛书。本丛书涉及昆虫王国、史前动物、万事由来、恐龙世界等方面，是颇为权威、全面的青少年科普读物。

本丛书在秉持科普知识严谨性、科学性的同时，强化了其趣味性和可读性；在言之有物的前提下，追求言之有味、言之

成趣。具有较强的启发性和指导性，能够满足青少年的好奇心和求知欲。

此外，本丛书编写体例简明、语言生动流畅，插图丰富精美，更加形象、直观地向青少年朋友传达新知识。新颖的版式既增加了知识含量，又丰富了页面设计，使青少年在充满趣味的阅读中愉快地增长知识、开阔视野。因此对提高青少年的综合素质大有裨益。

编者

2012年12月

目录

上篇 动物的进化历程

寒武纪海洋里的早期生命 5.7亿年前～5.1亿年前

奥陶纪发现鱼类 5.1亿年前～4.38亿年前

志留纪和泥盆纪向陆地进军 4.38亿年前～3.55亿年前

石炭纪和二叠纪陆地动物的初步发展 3.55亿年前～2.5亿年前

三叠纪恐龙的出现及爬行动物的兴盛 2.5亿年前～2.05亿年前

侏罗纪恐龙成为地球的主宰
2.05亿年前～1.35亿年前

白垩纪延续的恐龙时代
1.35亿年前～6500万年前

古新世和始新世鸟类和哺乳类动物的兴盛
6500万年前～3500万年前

渐新世、中新世及上新世哺乳动物的发展
3500万年前～160万年前

更新世冰河世纪的哺乳动物
160万年前～1万年前

下篇 史前动物知识大揭秘

时间	地质年代	代表动物
	第四纪	原始人
160万年前		
	第三纪	猛犸象
6500万年前		
	白垩纪	肿头龙
1.35亿年前		
	侏罗纪	剑龙、梁龙
2.05亿年前		
	三叠纪	始盗龙
2.5亿年前		
	二叠纪	异齿龙
2.9亿年前		
	石炭纪	始螈
3.55亿年前		
	泥盆纪	鱼石螈
4.1亿年前		
	志留纪	肉鳍鱼
4.38亿年前		
	奥陶纪	直角石
5.1亿年前		
	寒武纪	三叶虫
5.7亿年前		
	前寒武纪	细菌

上篇

动物的进化历程

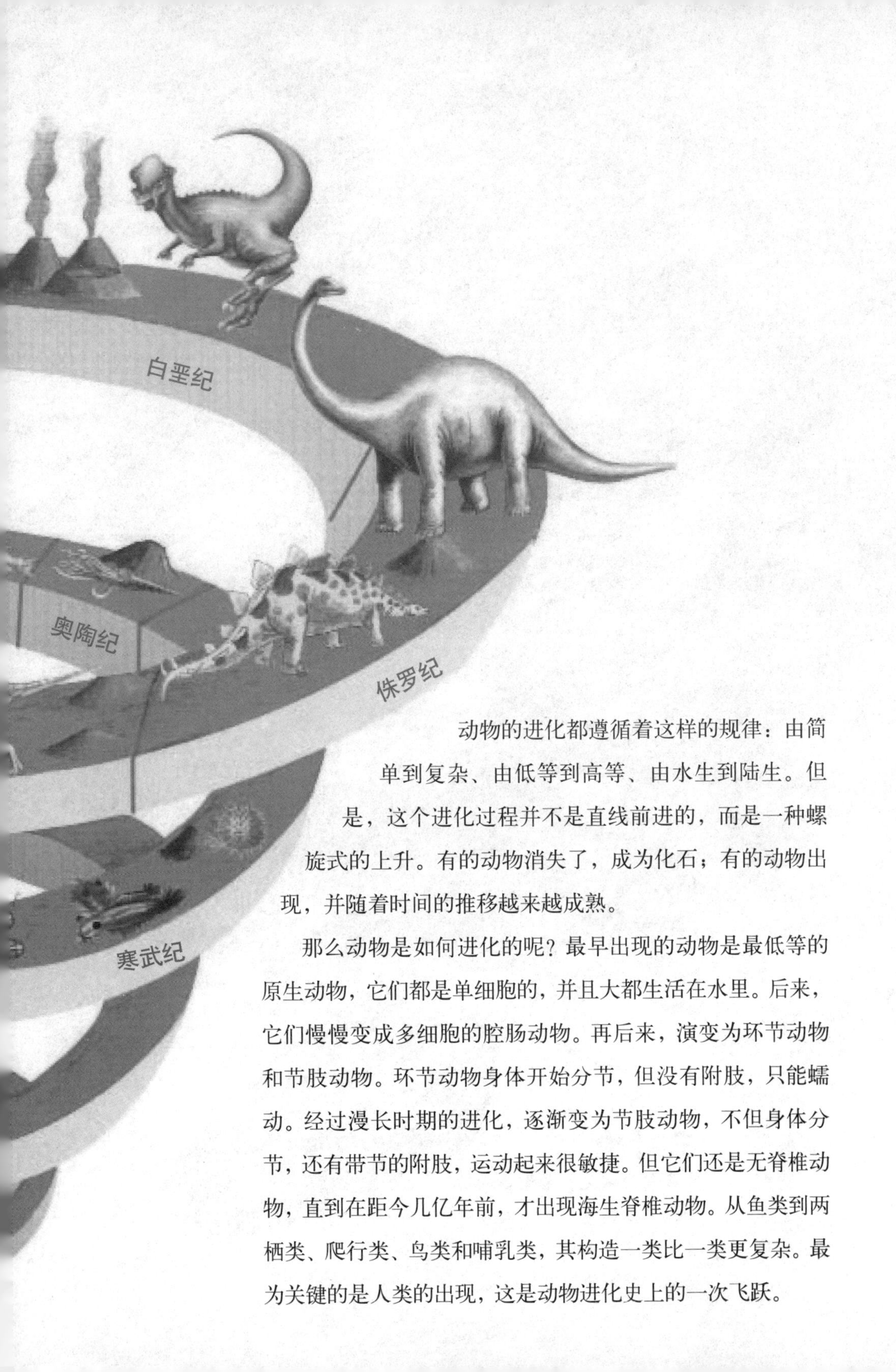

动物的进化都遵循着这样的规律：由简单到复杂、由低等到高等、由水生到陆生。但是，这个进化过程并不是直线前进的，而是一种螺旋式的上升。有的动物消失了，成为化石；有的动物出现，并随着时间的推移越来越成熟。

那么动物是如何进化的呢？最早出现的动物是最低等的原生动物，它们都是单细胞的，并且大都生活在水里。后来，它们慢慢变成多细胞的腔肠动物。再后来，演变为环节动物和节肢动物。环节动物身体开始分节，但没有附肢，只能蠕动。经过漫长时期的进化，逐渐变为节肢动物，不但身体分节，还有带节的附肢，运动起来很敏捷。但它们还是无脊椎动物，直到在距今几亿年前，才出现海生脊椎动物。从鱼类到两栖类、爬行类、鸟类和哺乳类，其构造一类比一类更复杂。最为关键的是人类的出现，这是动物进化史上的一次飞跃。

三叶虫

寒武纪最常见、最繁盛的动物，不仅数量众多，而且种类也很多，所以寒武纪又被称为“三叶虫时代”。

寒武纪
海洋里的早期生命

5.7亿年前~5.1亿年前

寒武纪距今已有5亿多年的历史，它是地球上生命出现并取得大发展的时期。在寒武纪开始后的数百万年时间里，包括现生动物几乎所有类群祖先在内的大量多细胞生物突然出现，这一暴发式的生物演化事件被人们称为“寒武纪生命大爆炸”。这一时期的所有生物都生活在海洋里。

奇虾

寒武纪的巨无霸，海洋里的掠食者，体长最大的可达2米。

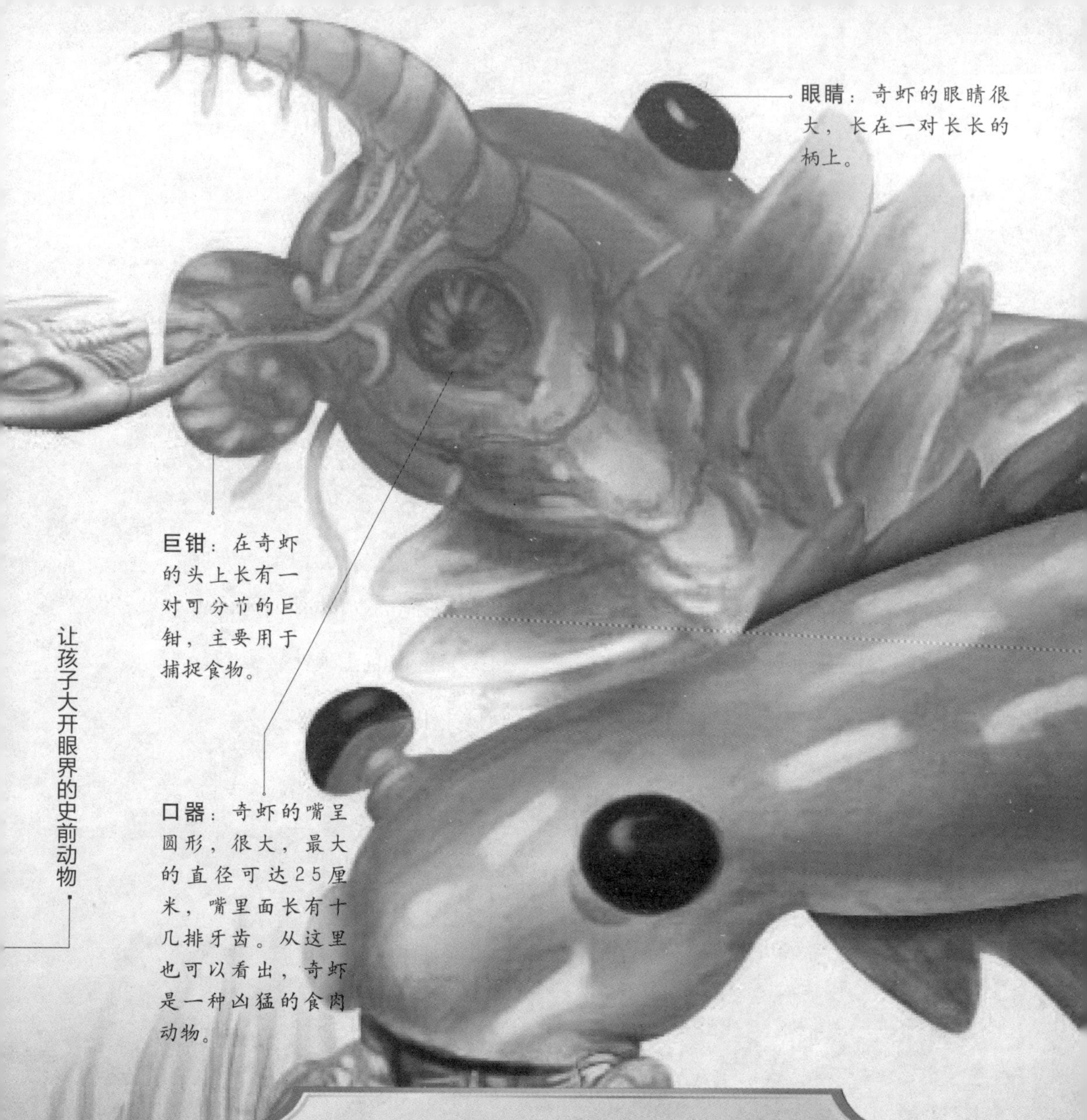

1 寒武纪最大的动物——奇虾

奇虾是一种生活在海洋中的大型无脊椎动物，是已知寒武纪中最大的动物，据推测体长可达2米。科学家曾在奇虾粪便化石中发现有小型带壳动物的残骸，这说明它是食肉动物，是海洋世界里的统治者和食物的最终消费者。

奇虾小资料	
名称含义	奇怪的虾
种　　群	节肢动物
生活时期	寒武纪中晚期
化石产地	欧洲、亚洲、美洲
体　　长	2米
特　　征	体型巨大，长有用于捕食的巨钳
食　　物	像三叶虫这样的小型动物
天　　敌	未发现

尾扇：奇虾巨大而美丽的尾部呈扇形。

鳍：在奇虾的身体两侧长有两排像飞机机翼一样的鳍，和尾部一起配合扇动起来，可以使奇虾在海洋中快捷地游动。

奇虾的化石

奇虾的化石最初是在加拿大被发现的，但当时只是发现了一只前爪的化石。因为它似虾但又不是真正的虾，所以科学家将之命名为奇虾。直到1994年，中国科学家才在云南境内的帽天山页岩中发现了完整的奇虾化石。

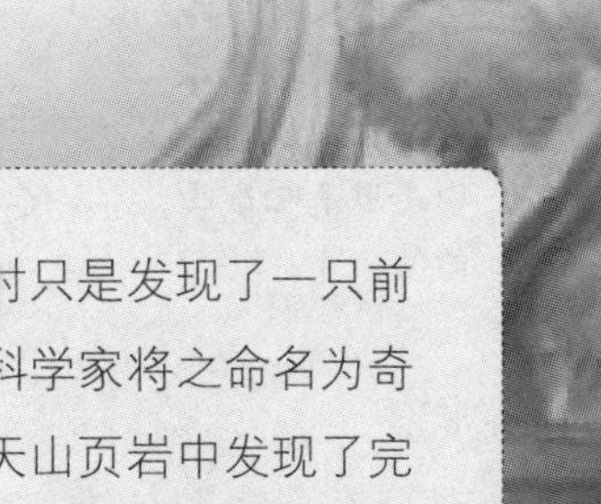

2 史前动物的典型代表——三叶虫

三叶虫在寒武纪就已出现，至二叠纪完全灭绝，共在地球上生存了3亿多年，是史前动物中最具代表性的物种之一。在漫长的时间长河中，它们演化出繁多的种类，有的体长可达70厘米，而有的则只有2毫米长。三叶虫属于节肢动物门、三叶虫纲，仅生活在古生代的海洋中。因为它的背壳可以纵分为一个中轴和两个肋叶三部分，也可以横分为前、中、后三部分，所以叫做三叶虫。下面就以三叶虫中最常见的一种——奇异虫为例，对它作以说明。

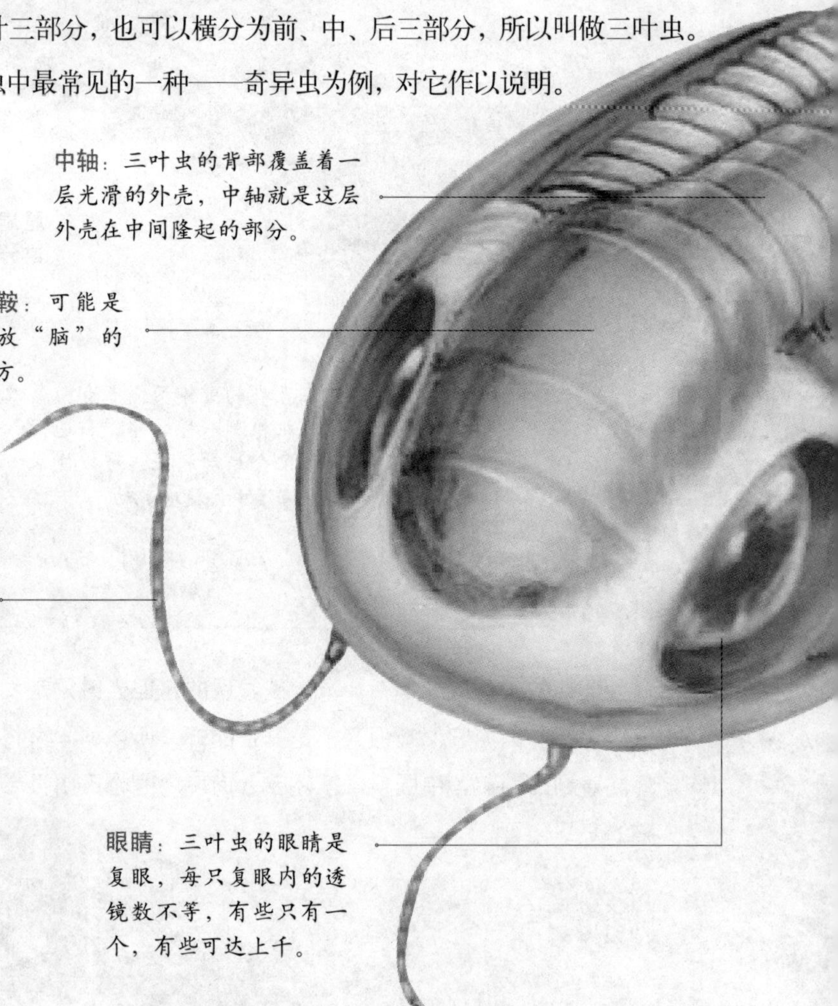

中轴：三叶虫的背部覆盖着一层光滑的外壳，中轴就是这层外壳在中间隆起的部分。

头鞍：可能是存放“脑”的地方。

触须：分节的触须，既是行动器官，又是感觉器官。在触须的后面是用来吃东西的嘴。

眼睛：三叶虫的眼睛是复眼，每只复眼内的透镜数不等，有些只有一个，有些可达上千。

奇异虫小资料

名称含义	水肿的头（因为它的头部很大）
种　　群	三叶虫
生活时期	5.7亿年前～5.17亿年前
化石产地	欧洲、亚洲、北美洲
体　　长	15厘米
特　　征	身体分节，边缘带刺
食　　物	海中微生物
天　　敌	大型食肉海洋节肢动物

肋叶：中轴两边的部分，分为许多肢节，是三叶虫的行动部分。

三叶虫长得好奇怪啊！

矛头虫

其名称含义是“矛的建造者”，体长有5厘米左右。这种三叶虫的特点是体上多刺，尤其是在头上长有一根很长的类似于长矛的刺。

僧帽海胆

意思是“带皱纹的头巾”，形状像带刺的皮球，可能是现代海胆的祖先。

直角石

头足类动物的典型代表，最大可以长到1米，是已知奥陶纪海洋中最大的食肉动物。

萨卡班巴鱼

是地球上最早的脊椎动物之一，不过这时候的鱼的嘴巴都是不能上下咬合的，主要靠过滤海中的微生物为食。

奥陶纪
发现鱼类

5.1亿年前~4.38亿年前

奥陶纪时期，地球的气候温和，世界上大部分地方都被浅海覆盖。因此，海洋生物得到空前发展，笔石、腕足类、棘皮动物、软体动物、珊瑚等都在此时期出现。但最具革命意义的还是脊椎动物中无颌鱼类的出现。

神螺

体长7.5厘米左右，形状像现代的蜗牛，只是它是在海底爬行的。

1 古代海洋中的蠕虫状生物

笔石是生活在古代海洋中一种微小的蠕虫状生物，就像现在的珊瑚一样。笔石虫体所分泌的骨骼，称为笔石体。笔石体一般为几厘米或几十厘米大。笔石的种类多，分布范围广，生活习性也有差异，比如管笔石类都固着于海底生活，而正笔石类一般则漂浮在海面上。

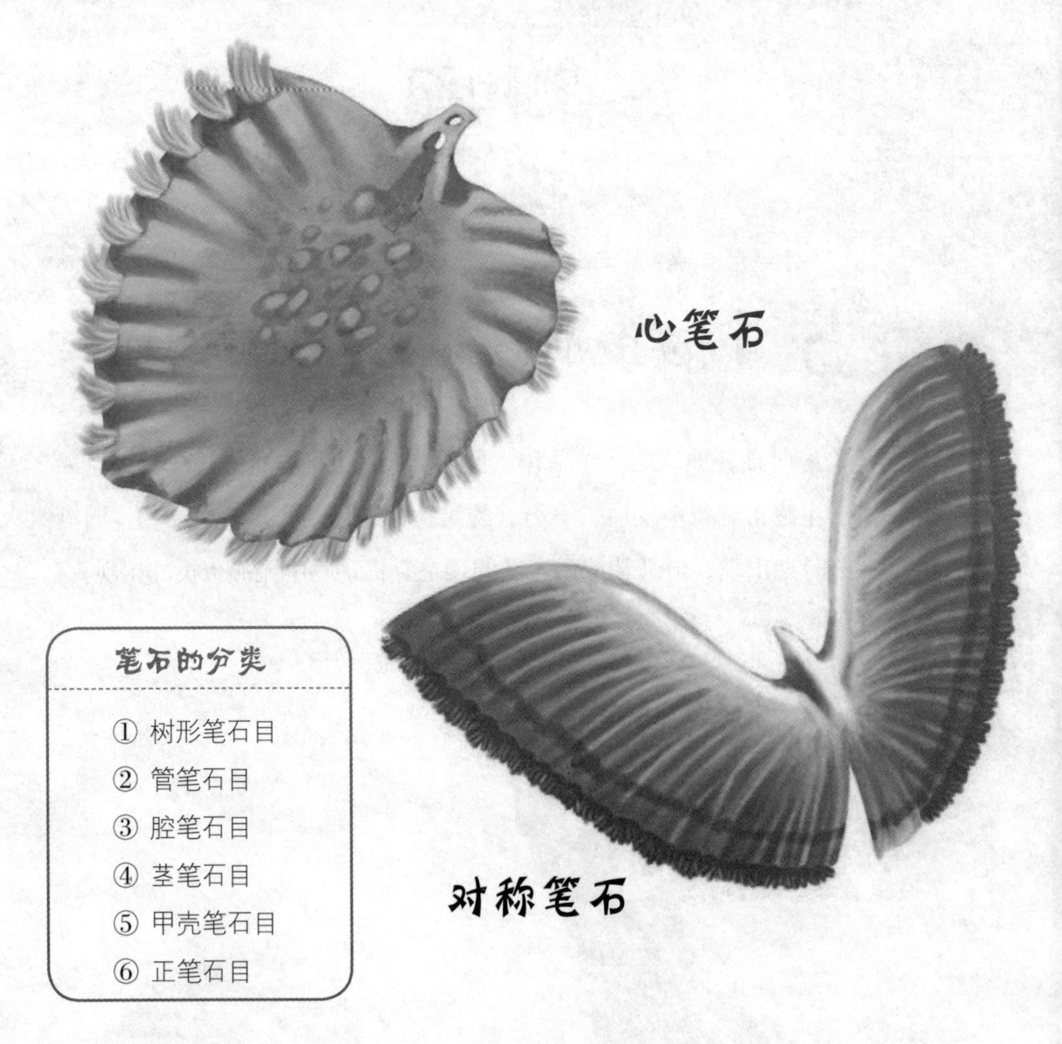

矛头虫

笔石的化石通常都呈炭质薄膜保存，非常像用笔在岩石上书写的痕迹，这就是“笔石”一词的由来。

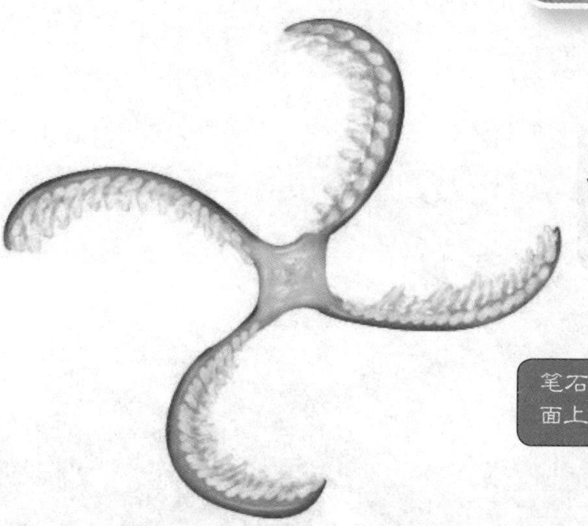

四笔石

笔石很小，大都漂浮在海面上，以浮游生物为食。

四笔石小资料

名称含义	4个笔石（因为它有四个线状分支）
种　　群	笔石类
生活时期	5.1亿年前～4.6亿年前
化石产地	世界各地
体　　长	整个笔石群体大约有1.5厘米长，但每一个芽状微小生物的大小则仅有1毫米
特　　征	呈簇状放射出四个分支的笔石群体，微小动物就生活在这四个分支的杯状凹槽里，并用其触手捕食
食　　物	以浮游生物为食
天　　敌	未发现

2 奥陶纪海洋中的掠食者——直角石

直角石属于外壳笔直的头足类动物，是奥陶纪海洋中的掠食者，一般体长可达数十厘米，最大的可以达到1米。头足类的嘴巴周围长有10条左右的腕，腕的腹面有许多小吸盘，小动物一经接触就被它吸住吞食。

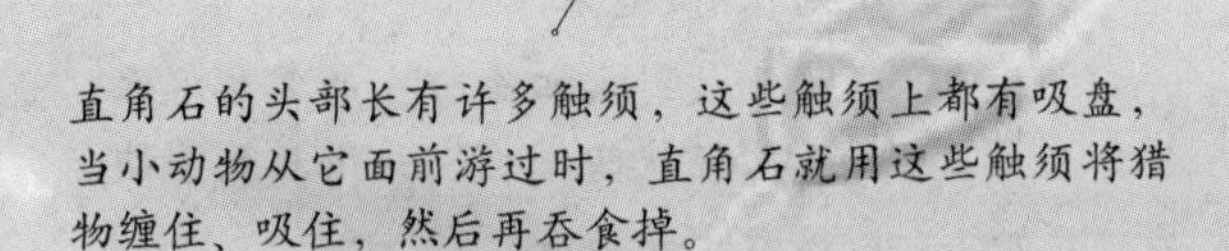
直角石的头部长有许多触须，这些触须上都有吸盘，当小动物从它面前游过时，直角石就用这些触须将猎物缠住、吸住，然后再吞食掉。

直角石小资料

名称含义	笔直的角
种　　群	头足类
生活时期	5.1亿年前～4.39亿年前
化石产地	世界各地
体　　长	5厘米～1米
特　　征	壳内有很多腔室
食　　物	小型海洋动物
天　　敌	未发现

在直角石的壳内存在着许多中空的腔室。当直角石想上浮时，它就将这些腔室充满空气；相反，当直角石想下沉时，它只要往这些腔室里注满水就行了。这种原理和现代人制造潜水艇是一样的。

直角石的行动方式

直角石是借助从嘴部喷出的水流而行动的，所以它的行动方向是向后退的，这一点和现代的乌贼类似。

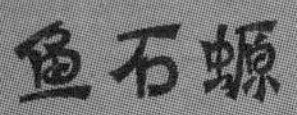

鱼石螈

目前已知最早的两栖动物。它的身体呈现出鱼类和两栖类的双重特征。

肉鳍鱼类

这种鱼类的鳍肉厚，呈圆形，身上多鳞片。据推测，它们很可能是鱼石螈的直系祖先。

菊石

一种壳体呈卷曲状的头足类动物。

小窗格苔藓虫

这也是一种早期的珊瑚虫，它们组成的群体能达到60厘米左右。

志留纪和泥盆纪
向陆地进军

4.38亿年前~3.55亿年前

志留纪和泥盆纪是在生物进化史上具有里程碑意义的一段时期。在这一时期，最早的陆生植物和动物出现，生命开始从海洋向陆地进军。

鲨鱼

最早的鲨鱼出现在这一时期，从此它们就在海洋中占据了统治地位。

钵海百合

这种海洋植物形状像花，生长在海底。

普氏海百合

这是一种巨大的、最高可达5.4米的海生植物，一般都生长在珊瑚礁的边缘。

蜂巢珊瑚

这是一种早期的珊瑚礁，珊瑚虫只有1.5毫米左右，可是它们聚在一起组成的群体却可达1.8米长。

1 最早的两栖类动物——鱼石螈

鱼石螈是目前已知最早的两栖类动物。虽然它的脑袋跟鱼一样，尾巴上也有鳍，但是它却长着四肢和趾，这使得它可以在陆地上生活。从此，脊椎动物的进化发展道路上许许多多新的可能性被开发出来了。

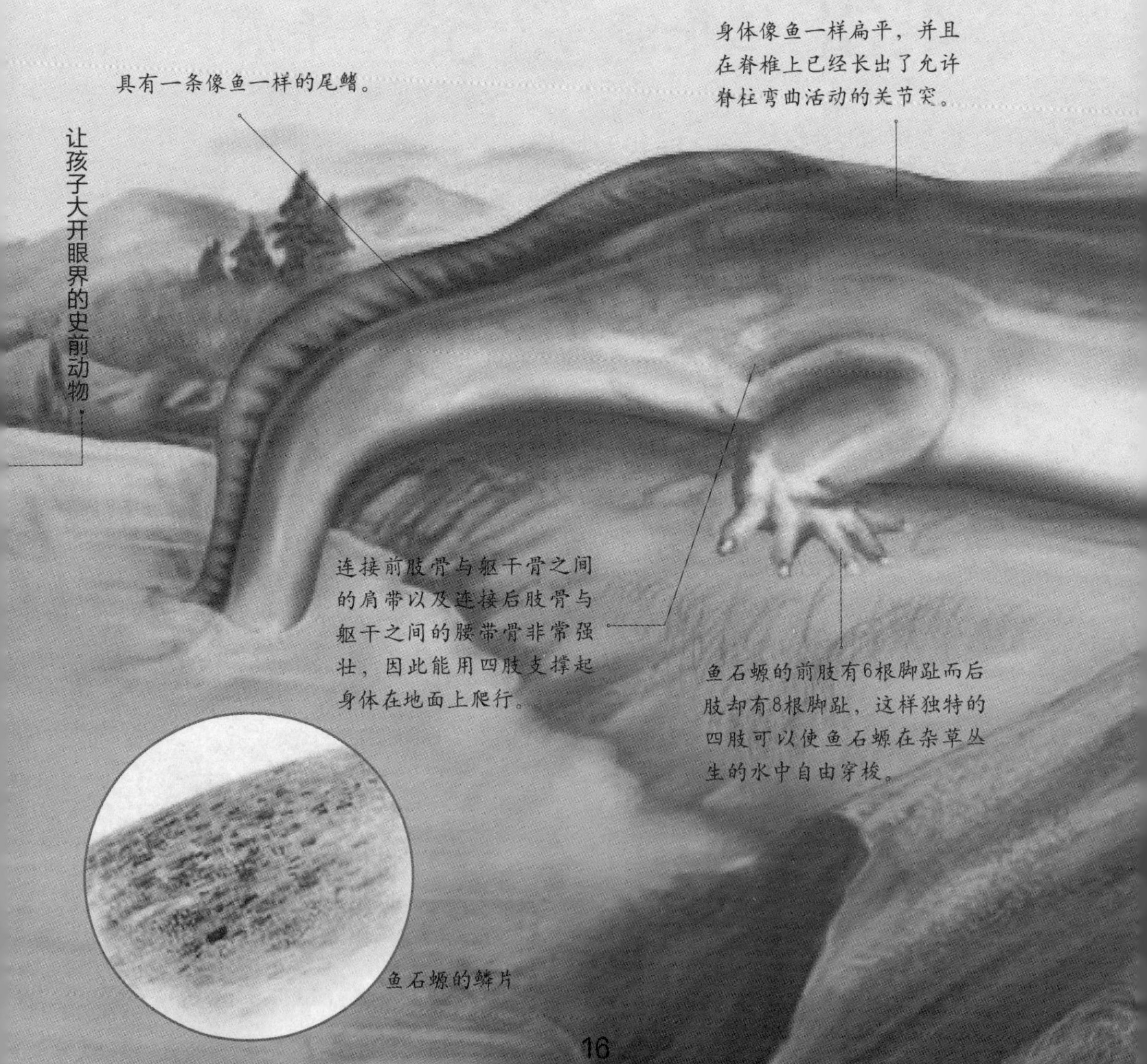

身体像鱼一样扁平，并且在脊椎上已经长出了允许脊柱弯曲活动的关节突。

具有一条像鱼一样的尾鳍。

连接前肢骨与躯干骨之间的肩带以及连接后肢骨与躯干之间的腰带骨非常强壮，因此能用四肢支撑起身体在地面上爬行。

鱼石螈的前肢有6根脚趾而后肢却有8根脚趾，这样独特的四肢可以使鱼石螈在杂草丛生的水中自由穿梭。

鱼石螈的鳞片

鱼石螈小资料

名称含义	鱼的头骨
种　　群	迷齿亚纲（最早的两栖类）
生活时期	3.77亿年前～3.62亿年前
化石产地	格陵兰、比利时
体　　长	1～3米
特　　征	强壮的肩膀和臀部，可以带动四肢活动
食　　物	昆虫以及其他小动物
天　　敌	大鱼

具有从鱼类那里继承来的前鳃骨的残余。

头骨高而窄，并且可以自由地活动，吻部结构还没有后来的两栖类动物那样完善。

眼睛位于头骨的中部。

身体表面具有像鱼一样的细小的鳞片。

鱼石螈的前肢化石

鱼石螈的前肢有6根脚趾，从化石上可以清楚地看到这一点。

2 泥盆纪最大最凶猛的鱼——邓氏鱼

泥盆纪也被称为“鱼世纪”，因为那时鱼类开始兴盛。在海洋与河流中都生活着许多种大大小小的鱼类，海洋中的邓氏鱼就是其中最大、最凶猛的一种。

邓氏鱼与现代一些动物的咬合力比较

动物	咬合力（千克/平方厘米）
狗	57
鳄鱼	963
邓氏鱼	5300

邓氏鱼具有和现代鱼类相似的纺锤体外形，这样可以使它在海洋中快速游动。

邓氏鱼的食谱

邓氏鱼生活在较浅的海域，而且它的食欲异常旺盛，可以说它是当时最强的食肉动物。古代鲨鱼、鹦鹉螺、菊石，甚至自己的同类，都是它的食物。但是，邓氏鱼却有消化不良的烦恼，因为人们经常在它的化石周围发现一些被回吐的、半消化的鱼的残骸，以及一些邓氏鱼从胃部反刍出来的不能消化的食物残渣。

邓氏鱼的颌骨构成极为独特（由四个关节构成），这使得它具有强大的撕咬能力，甚至有可能是地球上有史以来最有力的撕咬者。不仅如此，这种构成还可以使邓氏鱼在五十分之一秒的时间内迅速张开自己的嘴，然后快速将猎物吞入口中。因此，几乎很少有鱼类能够逃脱这种强有力而且快速的咬合。

头部与颈部覆盖着厚重且坚硬的外骨骼。

邓氏鱼是那个时代的海洋霸主，是肉食性鱼类，却没有牙，代替牙的是如铡刀一般锐利的位于吻部的头甲赘生物，并且边端是钩状的，可以钩住猎物。

邓氏鱼的头骨化石

邓氏鱼小资料

名称含义	节甲鱼类
种　　群	志留纪晚期～泥盆纪晚期
生活时期	摩洛哥、非洲、波兰、比利时、美国
化石产地	9米
体　　长	强有力的颌部长有剪刀状的利刃
特　　征	其他鱼类
食　　物	未发现
天　　敌	未发现

始虚骨龙
目前已知最早的、能够在空
中飞翔的小型爬行动物。
始螈
最原始的两栖动物之一。
蚓螈
身体比较庞大的一种
两栖动物，头大，体
长最长可达1.5米。

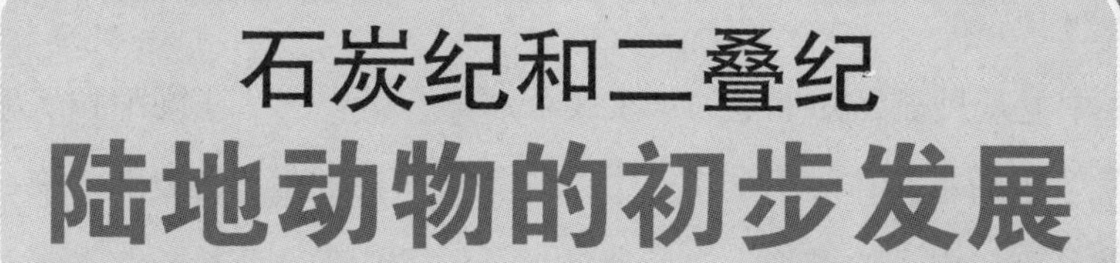

石炭纪和二叠纪
陆地动物的初步发展

3.55亿年前～2.5亿年前

这一时期，地球发生了巨大的变化，动物们纷纷在陆地上定居。早先出现的两栖类非常繁荣，最早的爬行动物逐渐出现。

异齿龙

一种大型陆生爬行动物，它虽然叫龙，但实际上并不属于恐龙，而比恐龙更古老。

中龙

最早的水生爬行动物之一，四肢呈船桨状，尾巴很长。

1 最早的水生爬行动物——中龙

中龙是目前已知最早的水生爬行动物，主要生活在湖泊和溪流中，喜欢吃水里的鱼，一般不上岸。中龙的身体细长，尤其是肩部和腰部的骨骼更为纤细。中龙的脚很大，长有蹼，身后还长有一条长长的、灵活的尾巴，这是它用来游泳的主要器官。

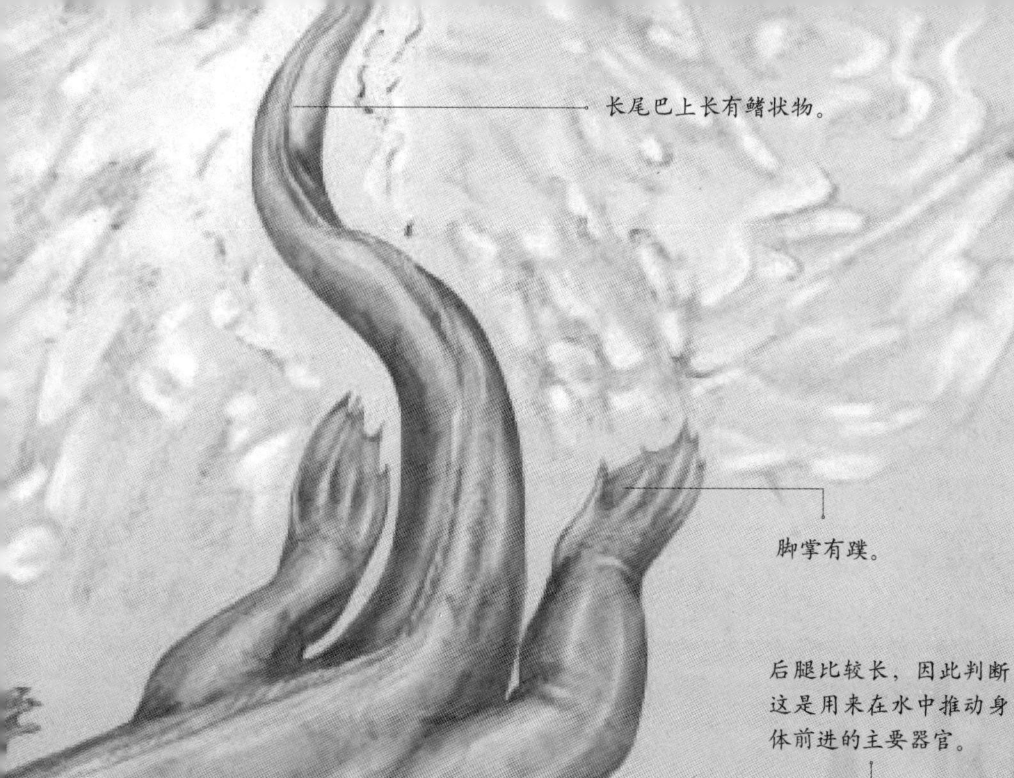

中龙小资料

名称含义	中间的蜥蜴
种　　群	中龙类
生活时期	2.8亿年前～2.6亿年前
化石产地	巴西、南非
体　　长	大于60厘米
特　　征	最早的水生爬行动物，脚掌有蹼，身体呈流线型，尾巴上长有似鱼的鳍状物
食　　物	鱼
天　　敌	未发现

2 石炭纪、二叠纪最大的两栖类动物

蚓螈是石炭纪、二叠纪最大的两栖类动物，同时也是当时陆地上最大的动物之一。它食肉，出没于江河、溪流与湖泊之中，捕食鱼类及小型爬行类动物，生活习性很可能和现代的鳄鱼类似。

脊椎和四肢骨的结构粗壮、笨重，尤其是脊椎骨异常坚硬。

蚓螈与其他的早期两栖类动物一样，身上多具有鳞甲。

头骨很大，宽阔而扁平。

耳缺很深

有大且具有复杂构造的牙齿。

两栖动物的分类

两栖动物在长期的发展过程中又逐渐演变为三个亚种（纲）。

蚓螈可是现在许多两栖动物的祖先啊！

迷齿亚纲

最古老的两栖动物，生存于泥盆纪到白垩纪的漫长时间里，其中也包括爬行动物的祖先。

壳椎亚纲

古老而独特的早期两栖动物，仅存在于石炭纪和二叠纪，蚓螈就是最具代表性的壳椎类两栖动物。

滑体亚纲

起源于三叠纪并一直延续到现代，包括现存的所有两栖动物。

始螈是迷齿类两栖动物的代表。

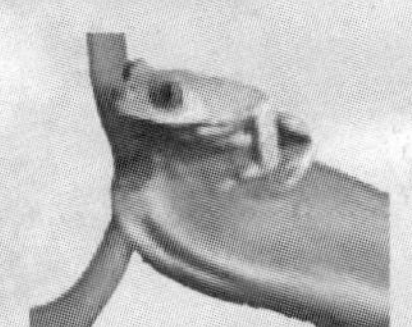

青蛙是我们在日常生活中最常见的滑体类两栖动物。

蚓螈小资料

名称含义	拉长了的脸
种　　群	壳椎亚纲
生活时期	3亿年前～2.6亿年前
化石产地	美国
体　　长	1.5米
特　　征	头大，身体笨重
食　　物	鱼类和小型爬行动物
天　　敌	未发现

3 长帆的食肉爬行动物

异齿龙是生活在二叠纪的一种大型肉食性爬行动物。当时大半个地球都被沙漠所覆盖，异齿龙是非常适应在这种环境下生存的。沙漠的早晨比较寒冷，这时异齿龙就把背上的帆板张开，吸收阳光，使自己的身体迅速暖和起来。

异齿龙最大的特点是背上生有一个纵向的、高大的背帆，帆在背部中央达到最高。

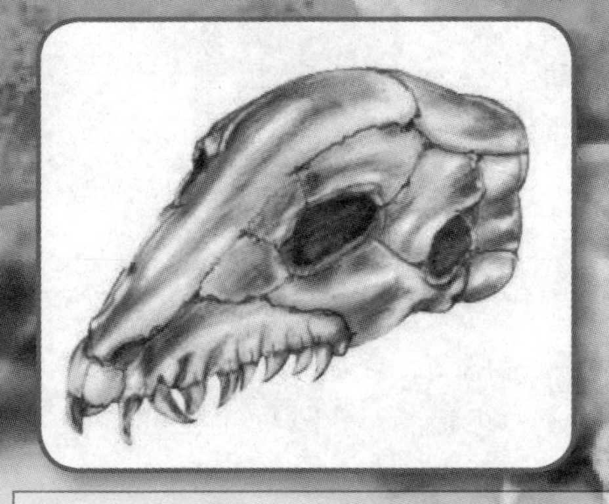

从头骨的特点来看，异齿龙属于“下孔类”的范畴。下孔类是指在动物的头骨两侧下部各有一个单一的孔。哺乳动物甚至我们人类都属于下孔类。

阔齿龙，是一种以吃植物为生的大型爬行动物，它与异齿龙都是那个时代最主要的陆生爬行动物。

异齿龙小资料

名称含义	两种不同类型的牙齿
种　　群	盘龙类
生活时期	2.9亿年前～2.56亿年前
化石产地	北美洲
体　　长	3.3米
特　　征	竖立的脊帆，上覆一层皮肤
食　　物	捕食其他的爬行动物
天　　敌	无

帆的作用

关于异齿龙背上那巨大的长长的帆是用来做什么的，历来有许多种不同的说法。下面是其中几种具有代表性的观点：

①用于在水中航行。

②用于吓唬对手或者吸引异性。

③最新的观点认为，异齿龙的帆板上分布着大量的血管。这样，帆板就像是太阳能电池板一样将太阳的能量迅速地传递到异齿龙身体的各个部分。

高而窄的头骨很适合附着强劲的颌骨肌肉，能使嘴张得很大，可以有力地咬住猎物。

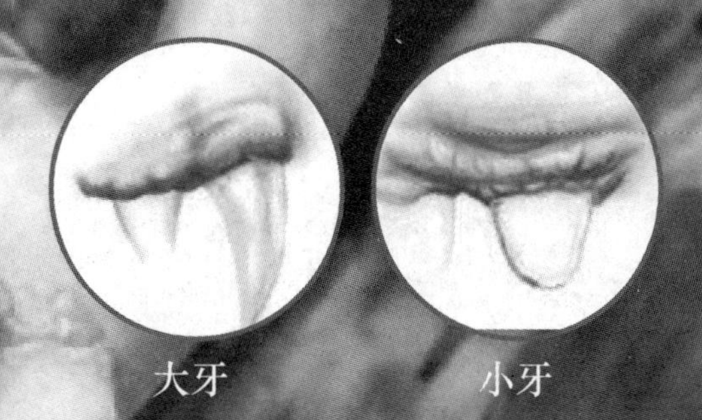

异齿龙的牙齿产生了明显的分化，硬颚、上颌骨和下颌骨前端的牙齿就像匕首一样，大而且长；而沿着牙床生长的牙齿则比前端的牙齿短且粗。长在前端的长牙负责把肉撕下来，后端的短牙则用于把肉嚼碎。

巨型蜻蜓，宽度超过60厘米，但翅膀不能像现在的蜻蜓那样折叠。
蜈蚣，体宽超过60厘米。
千足虫，体长近2米，宽30厘米。

4 最早登上陆地的动物之一——昆虫

昆虫是最早登上陆地的动物之一，那时的陆地上有着广袤的森林，而且也没有什么大型的脊椎动物，所以就成了昆虫的天下。那时的昆虫普遍都长得很大，比如有一种千足虫就有2米长，30厘米宽。

这是一种史前的巨型蜘蛛，如果算上它腿的长度，体宽将达到2.4米。

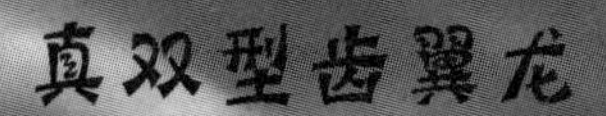

真双型齿翼龙

这是一种早期翼龙，体形较小，喜欢从水中抓鱼吃。

蛇颈龙

三叠纪中期，有些恐龙进入水中生活，蛇颈龙就是其中的一种。它们的脖子很长，拥有宽阔的桨状前肢，善于游泳。

始盗龙

名称含义是“最初的小偷”，是目前已知最早的恐龙之一，体型只有现在的狗一般大小。

三叠纪
恐龙的出现及爬行动物的兴盛

2.5亿年前～2.05亿年前

在这一延续了约4500万年的时期，陆地上裸子植物和爬行动物非常兴盛，不仅如此，恐龙作为最重要的一种爬行动物开始出现。

引鳄

在恐龙称霸地球之前，引鳄是地球上最大的食肉爬行动物，就连发展时期的恐龙也经常成为它们的美餐。

1 空中飞龙——翼龙

翼龙并不是指某一种恐龙，而是一类能够在天空飞翔的恐龙的总称。它们最早产生于三叠纪晚期，直至白垩纪晚期与所有恐龙一起灭亡，统治地球的天空长达1.5亿年。下面我们就以早期翼龙中的真双型齿翼龙为例来对它作以说明。

❶ 拥有翼膜是翼龙得以飞上天空的主要原因。在翼龙的翼膜内除了分布着纤维外，是没有骨骼支撑的，而且在翼膜的表面还长有一层细细的绒毛。
❷ 长在翼膜外侧的钩状小爪，实际上是翼龙的第一至第三指。
❸ 翼龙的腕部进化为一个向肩部前伸的翅骨，这对爪与肩之间的翼膜起到了支撑作用。
❹ 翼龙的第四指变粗、变长，高度异化为由四节指骨组成的飞行翼指，支撑并连接着身体侧面和后肢的膜，形成类似鸟类翅膀的翼膜。
❺ 翼龙体内的骨骼与鸟类一样都是中空的，这可以使它们减轻体重，利于飞行。
❻ 早期的翼龙一般都长有一条长长的尾巴，这有利于它们在空中飞翔时掌握平衡。晚期翼龙的尾巴则都逐渐退化变小。
❼ 翼龙一般都长有长长的喙，喙里长着尖利的牙齿。
❽ 翼龙就像所有的鸟类，眼睛大大的，视力很好。

翼龙小资料	
名称含义	会飞的爬行类
种　　群	喙嘴龙类或翼手龙类
生活时期	三叠纪晚期至白垩纪晚期
化石产地	世界各地
体　　长	1.8～12米
特　　征	利用皮膜可以在天空飞翔，而且在某些方面类似于鸟，比如骨骼中空、脑子大，看得很远但是嗅觉不敏锐
食　　物	鱼类
天　　敌	未发现

翼龙属于爬行动物，而现存的爬行动物都是冷血动物，所以曾经普遍认为翼龙也是冷血动物。1970年，在哈萨克斯坦境内发现了一个带有“毛”的翼龙化石。英国古生物学家对这个标本进行了研究，认为这些毛对翼龙起着隔热保温的作用，能够调节体温。于是，这个发现证明了翼龙像鸟类一样，是恒温的爬行动物。

2 三叠纪中期最大的陆地爬行动物——引鳄

引鳄是三叠纪中期最大的陆地爬行动物，全长5米，身材矮壮而结实，光脑袋就有1米长。引鳄是凶猛的食肉动物，主要猎物是一种名叫二齿兽的动物。

引鳄的身体矮壮而结实，体型很大，最长的可达5米。

引鳄的头骨化石

引鳄小资料

名称含义	槽齿类爬行动物
种　　群	三叠纪中期
生活时期	非洲
化石产地	5米
体　　长	身材结实脑袋硕大，有长长的尖锐的牙齿
特　　征	其他爬行或者两栖动物
食　　物	未发现
天　　敌	无

引鳄的大脑袋足有1米长，并且巨大的嘴里长满了尖牙利齿。

引鳄的捕猎方式

因为引鳄实在是很大很重，所以它们可能不会整天奔跑着追赶猎物。人们猜测，引鳄的捕食方式也许就和现在的科莫多巨蜥一样，是依靠埋伏来捕猎的。

头很小，但是嘴巴很大，
嘴里长有许多细长的锥形
牙齿，适合捕鱼。
脖子很长，而
且很灵活，就
像是蛇一样。
身躯不大，又宽又扁。
人们在一些蛇颈龙的胃部
化石里还发现了石头，这
些石头可能是它们为了让
自己在水中游动而增加体
重的。
蛇颈龙的四肢已经进化
为四只鳍脚，犹如四支
很大的船桨。

3 伸长的脊椎——蛇颈龙

蛇颈龙出现于三叠纪晚期，是爬行动物回归海洋的产物。它们脖子很长，四肢呈宽阔的船桨状，但是尾巴很短，主要以捕鱼为生。

蛇颈龙小资料	
名称含义	伸长的脊椎
种　　群	蛇颈龙类
生活时期	三叠纪晚期至白垩纪晚期
化石产地	世界各地
体　　长	11～18米
特　　征	脖子很长，尾巴很短，身体像乌龟
食　　物	鱼类、鹦鹉螺等
天　　敌	未发现

尾巴很短。

4 扁平的蜥蜴——板龙

板龙是早期恐龙之一，一般认为它是后来出现的雷龙以及梁龙等恐龙的祖先。板龙身材高大，是三叠纪最大的恐龙。此外，板龙是以吃植物为生的，当在旱季缺乏食物时，它们往往会集体向海边迁徙，一旦在中途迷路，常会发生集体灭亡的惨剧。

板龙真的是好大啊！

板龙的尾巴很粗壮，当它们站立起来的时候，尾巴可以帮助它们支持身体。

板龙小资料

名称含义	扁平的蜥蜴
种　　群	蜥臀目、蜥脚类
生活时期	约2.1亿年前的三叠纪晚期
化石产地	法国、瑞士、德国
体　　长	6～8米
身　　高	3.6米
特　　征	拥有可以直立的两只强壮的后腿
食　　物	各种植物和树叶
天　　敌	各种肉食性恐龙

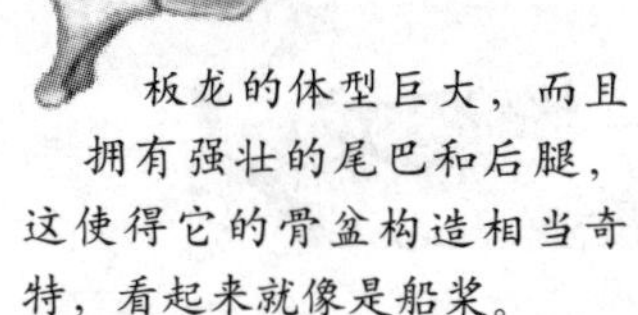

板龙的体型巨大，而且拥有强壮的尾巴和后腿，这使得它的骨盆构造相当奇特，看起来就像是船桨。

头部很小，而且长有利于咀嚼和加工植物的腮囊。

板龙的牙齿两侧长有能够切断坚韧植物的锯齿状边缘，所以这让它的牙齿看起来像一片树叶。

前肢可以用来抓住植物的枝干，而且板龙的爪子非常锋利，可以用来抵御其他食肉恐龙的进攻。

板龙的后腿强壮，如有必要，它们可以抬起前肢只用后腿直立行走。

板龙过的是群居生活，平常以60—100头为一个集体。

5 最原始的恐龙——始盗龙

始盗龙是最原始的一种恐龙，体型很小，只有一只狗那么大，可它却是后来那些体型庞大的恐龙的祖先。始盗龙长着锋利的牙齿，可能为杂食动物。

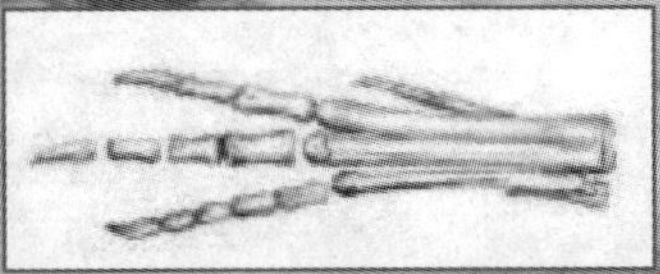

虽然始盗龙有五根脚趾，但实际上它只依靠脚掌中间的三根脚趾来支撑它全身的重量。因为它的第五根脚趾已经严重退化，而且它的第四根脚趾也只是在行进中起到辅助支撑的作用。

始盗龙四肢的骨骼薄且中空。

始盗龙小资料

名称含义	最初的小偷
种　　群	蜥臀目兽脚亚目恐龙
生活时期	三叠纪晚期
化石产地	南美洲
体　　长	1米
特　　征	近年才被发现的最早的恐龙之一，其个头像狗那么大
食　　物	杂食
天　　敌	大型陆生鳄类

始盗龙极有可能是杂食动物，因为它前面的牙齿是树叶状的，与素食恐龙相似；而后面的牙齿却像尖刀一样，与食肉恐龙相似。

始盗龙正在追逐的是三尖叉齿兽，这种动物完全不同于爬行动物，而是更接近于哺乳动物。比如，它们的身上有体毛，嘴上有胡须，甚至已经是恒温动物了。

始盗龙是如何被发现的

1993年，始盗龙的化石被发现于阿根廷西北部的伊斯奇瓜拉斯托盆地中。当时，一位老师正带着他的学生们挖掘化石。突然，挖掘小组的一位成员在路边的一堆乱石块里发现了一个近乎完整的头骨化石，接着，一具很完整的恐龙骨骼呈现在他们面前，这就是始盗龙。

“侏罗纪”这个名字是由法国古生物学家布朗尼亚尔在1829年提出来的，其名称来源于瑞士、法国交界的侏罗山。

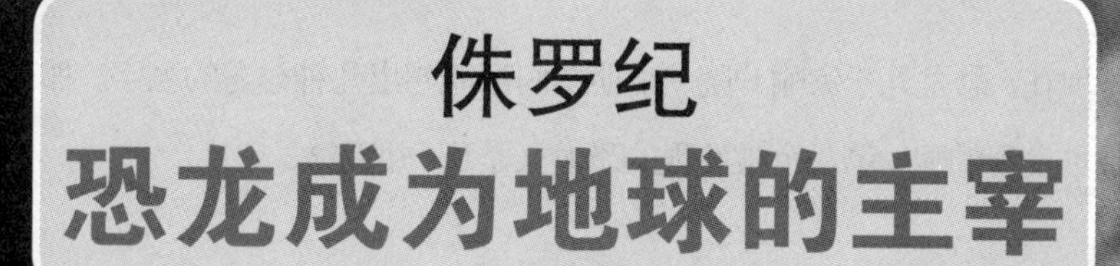

侏罗纪
恐龙成为地球的主宰

2.05亿年前～1.35亿年前

侏罗纪属于中生代中期。这一时期的生物发展史上出现了一些重要事件。比如陆生的裸子植物达到极盛期；双壳类、腹足类、介形虫等淡水无脊椎动物和昆虫得到迅速发展；恐龙成为地球的统治者；哺乳动物开始发展等。

1 恐龙被发现的过程

现在，恐龙几乎家喻户晓，小朋友们都能叫出几种恐龙的名字。那么恐龙到底是谁发现的呢？第一个被发现的恐龙又是哪一种呢？

①

19世纪初期，在英国苏塞克斯郡一个名叫刘易斯的地方，住着一位名叫曼特尔的年轻医生。他生平最大的爱好就是研究各种古生物的化石。在他的带动下，他的夫人也成为一位古生物化石爱好者。

②

就在1822年3月的一天，曼特尔外出行医，回来时他的夫人因害怕他着凉，便拿了一件外套去路上迎接他。走在半路的时候，她意外地在一处筑路工地附近发现了一些奇怪的、从来没有见过的牙齿和骨骼化石。

惊喜之余，她拿着化石回了家。等曼特尔回来见到化石后，他也惊呆了，因为他也从没有见过如此奇特的化石。他们想：这到底是什么动物的化石呢？为了得到答案，曼特尔决定到法国去请教当时最著名的博物学家居维叶。

居维叶见到化石后认为这是犀牛、河马的牙齿和骨骼化石。听到答案后，曼特尔认为这个结论并不正确。所以，他决定继续研究。

又过了两年，曼特尔认识了一位专门研究鬣蜥的博物学家。他们在一起经过研究后认为化石是一种早已灭绝了的古代蜥蜴的牙齿，并给它取名为“蜥蜴的牙齿”。相应地，这种动物就叫做“可怕的蜥蜴”——恐龙，这就是恐龙名称的由来。

现在我们知道了，当初曼特尔夫人发现的化石是一种名叫禽龙的恐龙的，那是一种生活在白垩纪的大型食植性恐龙（右图就是禽龙的雕塑）。

2 大型四脚食草恐龙——剑龙

剑龙，又叫骨板龙，是一种体型很大的四脚食草恐龙。它们通常以群体游牧的方式居住在草原上。剑龙最大的特点是背上长有一排巨大的骨质板，以及用来防御掠食者攻击的、带有四根尖刺的危险尾巴。

大概在剑龙的臀部附近还有一个“大脑”——球状神经丛。这样剑龙才能从容地控制自己硕大的后肢和尾巴。

剑龙的尾部末端长有四根0.5～0.9米的骨钉，这是它们防御敌人进攻的主要武器。

剑龙小资料

名称含义	屋顶蜥蜴
种　　群	覆盾甲龙类
生活时期	1.56亿年前～1.45亿年前
化石产地	北美洲
体　　长	9米
特　　征	尾巴上有两对尖刺，用于御敌
食　　物	食草
天　　敌	异特龙等大型肉食恐龙

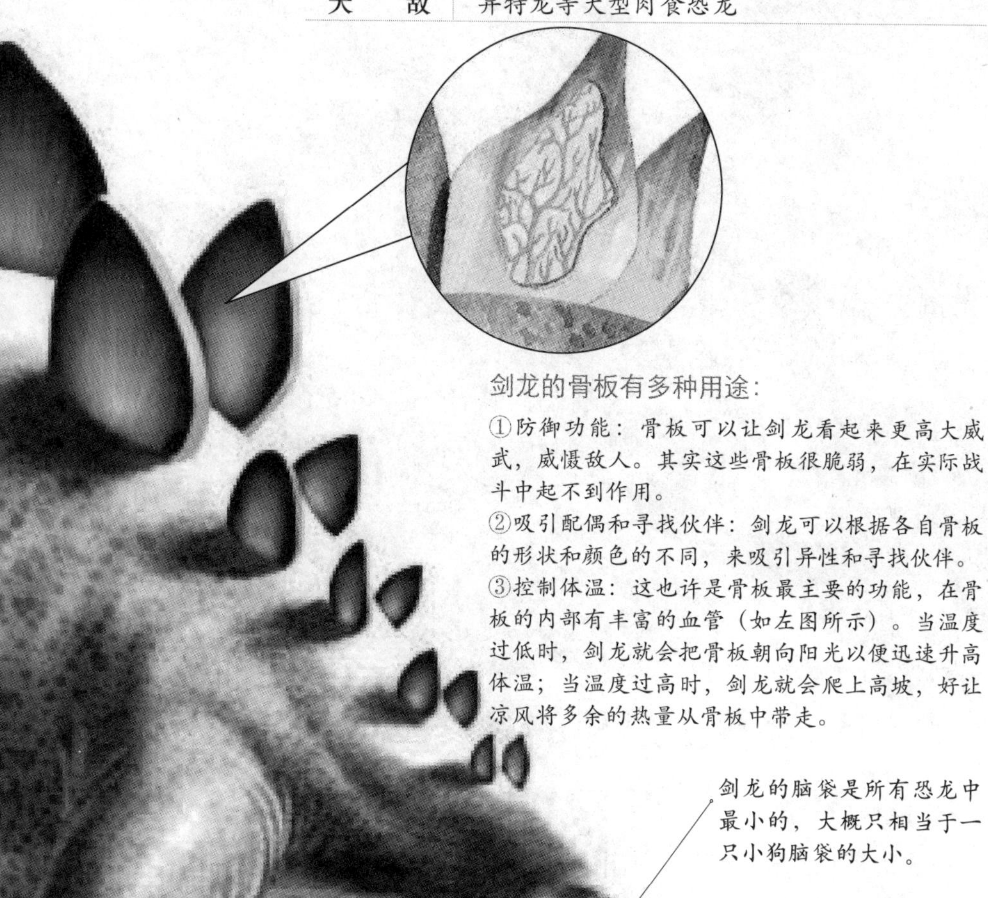

剑龙的骨板有多种用途：

①防御功能：骨板可以让剑龙看起来更高大威武，威慑敌人。其实这些骨板很脆弱，在实际战斗中起不到作用。

②吸引配偶和寻找伙伴：剑龙可以根据各自骨板的形状和颜色的不同，来吸引异性和寻找伙伴。

③控制体温：这也许是骨板最主要的功能，在骨板的内部有丰富的血管（如左图所示）。当温度过低时，剑龙就会把骨板朝向阳光以便迅速升高体温；当温度过高时，剑龙就会爬上高坡，好让凉风将多余的热量从骨板中带走。

剑龙的脑袋是所有恐龙中最小的，大概只相当于一只小狗脑袋的大小。

剑龙嘴的前部没有牙齿，而只是用喙来咬食植物。在人们研究剑龙的化石时发现，剑龙叶片状的牙齿并没有什么磨损，这说明它们很少使用到牙齿。

始祖鸟虽然叫鸟，但实际上它并不擅长飞行，一生中大部分时间也都是在地上度过的。如果到了要飞行的时候，它们通常会先用尖利的爪子抓住树干爬到树上，然后再从高高的树上跃下，滑翔飞行。

3 世界上最早的鸟——始祖鸟

始祖鸟生活在侏罗纪晚期，一般被认为是鸟类的祖先，所以也有人将它称为“世界上最早的鸟”。始祖鸟在很多地方已经具有和鸟类相同的特点，比如它的羽毛与现今鸟类羽毛在结构及设计上相似。但是，始祖鸟还有很多地方与恐龙一样，比如它有细小的牙齿、长有骨质的尾巴，以及有三趾长爪的脚。正因为这些，所以始祖鸟一般被认为是恐龙与鸟类之间的过渡。

始祖鸟小资料

名称含义	世界上最早的鸟
种　群	兽脚类
生活时期	1.55亿年前～1.5亿年前
化石产地	德国
体　长	60厘米
身　高	20厘米
特　征	身上长有像鸟类一样的羽毛和翅膀，骨骼却像恐龙
食　物	食肉，以昆虫和鱼为主。
天　敌	其他食肉恐龙

尾巴上长有长长的尾骨，而鸟类的尾巴只有羽毛，是没有尾骨的。

翅膀是由前肢和进化加长的指骨组成的，上面覆盖有长长的类似鸟类的羽毛。

始祖鸟的整个身体都非常轻盈，因为和鸟类一样，它全身的骨骼都是中空的。

头部较大，说明始祖鸟很聪明，这有助于它们在飞行中处理各种复杂的问题。

嘴里长满细小而尖锐的牙齿。

始祖鸟主要以昆虫、鱼和小型动物为主要食物。

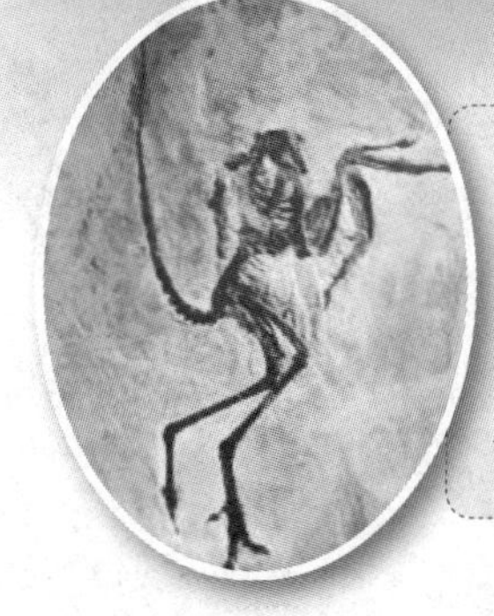

世界上最早发现的始祖鸟化石是在德国巴伐利亚州索伦霍芬附近的印板石石灰岩中。最早发现的时间是在达尔文发表《物种起源》之后两年。始祖鸟化石被发现的意义还在于证明了达尔文的生物进化理论。

4 奇异的蜥蜴——异龙

异龙又叫异特龙，从表面上看与霸王龙差不多。但实际上还是有不少区别的。比如，异龙生活在侏罗纪，比生活在白垩纪的霸王龙要早许多年，而且异龙也没有霸王龙个子高，异龙有三根手指而霸王龙只有两根。

异龙的大尾巴主要用来在奔跑时保持平衡。

异龙的后腿不仅有力而且充满弹性，这样可以使它们跳到对手的背上攻击对手。

缓慢的异龙

据科学家推测，异龙由于体型巨大，所以它一步的间距很大，可能有一辆小汽车的长度那么长。但是异龙奔跑的速度实际上是很慢的，大概只有每小时8千米，只相当于一个人慢跑的速度。如果异龙不小心摔倒了，想爬起来也会很费力。

异龙小资料

名称含义	奇异的蜥蜴
种　　群	兽脚类
生活时期	1.55亿年前～1.45亿年前
化石产地	亚洲、非洲、澳洲、北美洲
体　　长	12米长、5米高
特　　征	体型巨大，眼睛上部有两块角质突出，上肢生有三趾
食　　物	食肉
天　　敌	未发现

头部很大，但是很轻，因为异龙的头骨内部是中空的，这样可以让它快速和轻松地张开自己的大嘴。

在异龙的头上长有两道骨脊，这是它在外表上最大的特点。

异龙的血盆大口中长满了带有锯齿的、大而坚固的牙齿，而且所有的牙齿都向后弯曲，正好用于撕开猎物的肉，这样还能防止咀嚼过程中肉往外掉。异龙的可怕之处还在于，如果某个牙齿在战斗中脱落了，那么很快就会长出一个新的来填补。

每只前肢上都长有三个足有15厘米长的、弯曲的、锋利的爪子，捕猎时，异龙会用强壮的爪子牢牢地抓住猎物，再给予其致命一击。

异龙比较聪明，所以它们捕猎时也许会采取类似狼群的战术对猎物进行围攻，而不是单独行动。

5 陆上最长的动物——梁龙

梁龙的头部很小，眼睛很大，而且嘴里长满了细密而尖利的牙齿。

梁龙是有史以来陆地上最长的动物之一，但是因为它的头尾虽然很长，可身体却比较短，所以体重并不太重。梁龙是食草性的恐龙，一般群居在草原上过着游牧生活。

梁龙的体长可达26米，可它的体重却只有10吨左右，比那些小它许多的恐龙的体重都要轻上好几倍，这是为什么呢？原来梁龙的骨骼内部是中空的，只有这样才不会被它自己那庞大的身躯压垮。

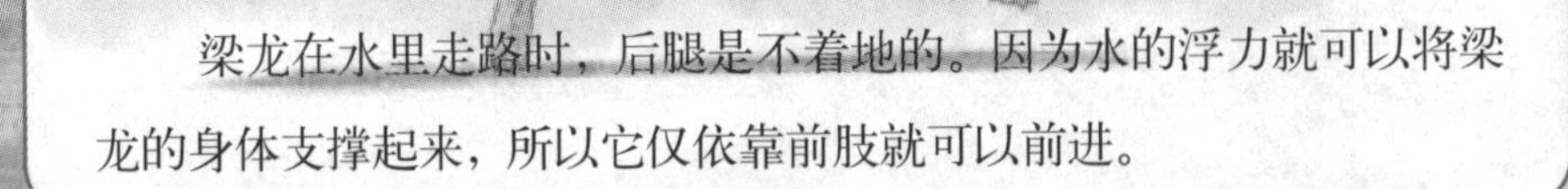

梁龙在水里走路时，后腿是不着地的。因为水的浮力就可以将梁龙的身体支撑起来，所以它仅依靠前肢就可以前进。

梁龙都是成群结队地生活在草原上的，为了保护幼小的梁龙，成年梁龙都会走在队伍的最外面，将小梁龙围在中间。

梁龙小资料

名称含义	双梁
种　　群	蜥脚类
生活时期	1.55亿年前～1.45亿年前
化石产地	北美洲
体　　长	27米
身　　高	12米
特　　征	脑袋很小，尾巴很长
食　　物	食草
天　　敌	其他肉食性恐龙

在梁龙的臀部附近长有另一个“大脑”——中枢神经丛，用来指挥它那庞大的后肢和长长的尾巴。

梁龙细长的尾巴就像是一根鞭子，这是它抵御肉食恐龙攻击的主要武器。

梁龙的肋骨是开放式的，这样它就有足够的胃容量来盛食物了。

6 侏罗纪早期的大型食肉恐龙——双脊龙

双脊龙是侏罗纪早期的大型食肉恐龙之一，从外表上看，它最大的特点是头上长着两条隆起的骨脊。

双脊龙骨冠的作用

科学家对双脊龙骨冠的作用历来存有争议，一般主要有以下几种说法：

①用于争斗。但后来发现骨冠是中空的，很脆弱，所以根本不适合打斗。

②可能是双脊龙在求偶时用来吸引异性的。

③散热器。当天气炎热时，骨冠就会发挥作用，以降低血液和大脑的温度，这样有利于双脊龙尽快恢复体力。

双脊龙的身材苗条、轻盈，后腿强健有力，这就使得它的奔跑速度极快，行动敏捷。据推测，双脊龙的奔跑速度很有可能就像现在的鸵鸟一样。

双脊龙的后腿上长有四个脚趾，而且每个脚趾上都长有尖锐的利爪。

双脊龙小资料	
名称含义	两条脊的蜥蜴
种　　群	兽脚类
生活时期	2亿年前～1.9亿年前
化石产地	北美洲、亚洲
体　　长	6～7米长、约2.4米高
特　　征	头上长有两条呈平行状态的隆起的骨脊
食　　物	肉食，主要以动物尸体、小蜥蜴和昆虫为食
天　　敌	其他大型食肉恐龙

7 凶猛的食肉恐龙——角鼻龙

角鼻龙是侏罗纪晚期最凶猛、残忍的食肉恐龙之一。虽然角鼻龙的个头并不大，但因为它们是过集体生活的，所以在猎食时它们也是对猎物发起群狼般的攻击，这才是其真正可怕之处。正如其名，角鼻龙最大的特点就是在它的鼻子上方长有几个不大的角状凸起。

角鼻龙的尾巴很修长。据推测，角鼻龙善于奔跑，长长的尾巴很有可能用于控制方向和平衡来自脑袋的重量。

角鼻龙的猎食战术

因为角鼻龙的个头不大，所以有科学家推测，角鼻龙很可能是群居生活的，在猎食时也是一起对猎物发起攻击，就像现在的狼。

角鼻龙的后肢强壮有力，骨骼坚硬，所以科学家们推测其是短跑健将，就像现在的猎豹一样。角鼻龙的后肢长有四趾，但起支撑其身体重量主要作用的是它的前三趾，第四趾则高度退化，起不到什么作用。

角鼻龙会游泳吗

因为角鼻龙生活的时代是河流纵横的，所以人们可能会以为角鼻龙应该是游泳健将。但实际上，角鼻龙是不会游泳的。不仅是角鼻龙，事实上只有很少的一部分恐龙会游泳。例如一些蜥脚类恐龙会在躲避肉食恐龙的攻击时进入河流，而且它们也都只能做一些简单的游泳动作。其他恐龙，尤其是像角鼻龙这样的肉食恐龙大部分都不喜欢在水中待着，而只喜欢干燥的地方。

角鼻龙头骨化石

从角鼻龙的头部向后，沿着背脊直到尾巴，有一条棘状突起。

一般肉食性的恐龙都不长角，可偏偏在角鼻龙的头上却长了几个角。这些角体积不大，不太可能会被用于格斗，所以关于它的用途，人们感到很费解。

与大多数食肉恐龙一样，角鼻龙的前肢也长有三趾，趾上的爪子非常锋利，这是它们猎食的有力武器。

角鼻龙小资料	
名称含义	鼻子带角的恐龙
种　　群	蜥臀类
生活时期	侏罗纪晚期
化石产地	北美洲
体　　长	4.5～6米
特　　征	在鼻子上长有一个用途不明的角
食　　物	食肉
天　　敌	未发现

翼龙

白垩纪的翼龙普遍都长得比较高大，它们尤其喜欢抓海里的鱼吃。

白垩纪
延续的恐龙时代

1.35亿年前~6500万年前

白垩纪是中生代的最后一个纪，长达8000万年。在这一时期，恐龙依旧统治着地球，并进化出许多新生品种。在白垩纪末期发生了地质年代中最严重的一次生物灭绝事件，导致了包括恐龙在内大部分物种灭亡。

长头龙

一种身长可达15米的海洋爬行动物，虽然叫龙，但实际上它并不属于恐龙一族。

1 海洋中最大的掠食者——长头龙

长头龙是一种生活在白垩纪早期海洋里的巨大爬行动物，虽然它叫长头龙，但实际上按照生物学的分类并不属于恐龙一族。长头龙体格庞大，性情凶猛，是那个时代海洋中最大的掠食者。

长头龙与菊石在一起：菊石是海洋中头族类的一种，它们是长头龙最喜欢吃的食物之一。

尾巴粗，但是比较短，长头龙在海里游动时就是靠摆动尾巴来获得动力的。

四肢进化为巨大的肉鳍，可以使长头龙在海里游泳时保持方向和升降。

长头龙小资料

名称含义	脑袋很长的海生蜥蜴
种　　群	上龙类
生活时期	白垩纪早期
化石产地	世界各地
体　　长	9米
特　　征	形似鳄鱼，头部很长，牙齿锋利，四肢长有很大的肉鳍
食　　物	食肉
天　　敌	未发现

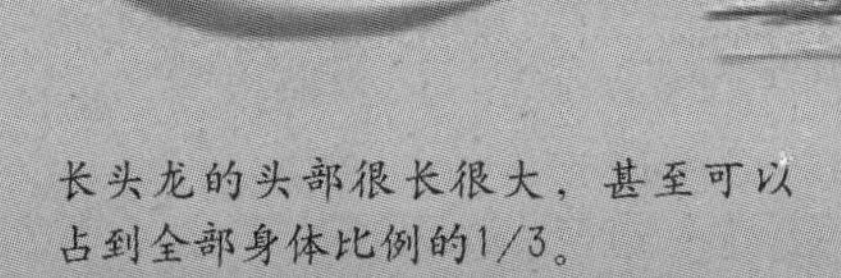

长头龙的头部很长很大，甚至可以占到全部身体比例的1/3。

颌部强壮有力，嘴里长满硕大的尖锐的牙齿。庞大的体格配以这样的牙齿，说明长头龙是当时海洋里的霸主，是最大的掠食者。

长头龙的生殖方式很可能与现在的海龟相似，即在岸边的沙地上挖一个巢穴生蛋，然后再回到大海中去。

2 长羽毛的恐龙——中华龙鸟

中华龙鸟虽然叫鸟，但实际上它只是一种身上长有类似于羽毛组织的小型兽脚类恐龙，所以正确的名称应该是“中华鸟龙”。除了全身的“羽毛”外，它还长有一根长长的尾巴，并且喜欢奔跑。

眼眶后面有明显的眶后骨。

前肢短小，长度只有后肢的1/3，上面长有锋利的爪子。

头骨又低又长，脑袋很小。

中华龙鸟最引人注目的地方在于它从头到尾都披覆着一层“羽毛”。对于这些羽毛的性质，科学家们的观点并不一致：一些古生物学家认为，这就是最原始的羽毛；而另一些古生物学家则认为，这种所谓的羽毛不过是某种皮肤的衍生物，就像是现代蜥蜴的背部所具有的角质刚毛一样。

下颌后部的方骨直。

尾巴很长，几乎是躯干的两倍半，共由60多个尾椎骨组成，而且在尾椎骨上还有发达的神经系统。

皮肤上长有类似于羽毛的衍生物。

后肢修长，适于奔跑。

中华龙鸟小资料

名称含义	在中国发现的类似鸟的恐龙
种　　群	兽脚类
生活时期	白垩纪早期
化石产地	中国
体　　长	1米
特　　征	全身披覆有一层短短的“羽毛”，尾巴很长，善于奔跑
食　　物	食肉
天　　敌	其他大型食肉恐龙

到目前为止，中华龙鸟的化石只在中国发现。

牙齿比较扁，形状像匕首，而且在牙齿的边缘还有锯齿形的构造。

中华龙鸟的化石是怎样被发现的

1996年8月，辽宁省的一位农民捐献了一块化石标本，立刻引起了科学家们的注意。因为这块化石虽然不大，但可以从中看到这种动物从头到尾都披覆着像羽毛一样的皮肤衍生物。最初发现它的科学家认为，这是最早的鸟类化石，又因为它是在中国被发现的，所以就被命名为“中华龙鸟”。

3 恐龙的彻底灭绝

恐龙在白垩纪末期突然灭绝，至于原因则众说纷纭。有的人认为是由于气候产生突变导致了恐龙的灭绝；还有的人认为是由于哺乳动物变强才导致了恐龙的衰弱。但现在的主流观点则认为，是由于一颗小行星撞击地球最终导致了恐龙的彻底灭绝。

❶ 大约在6500万年前的白垩纪晚期，一颗直径在10公里左右的小行星以11千米/秒的速度撞击到了现在的墨西哥湾附近地区。撞击产生的巨大能量使陨石坠落地点附近的生物和陨石本身在瞬间便蒸发殆尽，并在地上留下一个直径约200千米的坑形塌陷。随即，陨石蒸发时产生的大量高温碎片被抛射到天空中。

②猛烈的撞击过后，被汽化的物质慢慢冷却下来形成大量的灰尘弥漫在空气中，遮蔽了阳光，整个天空都变得阴沉沉的。而且，撞击还引起了大地震和火山爆发以及席卷全球的大海啸。

③漫布空中的灰尘经久不散，因阳光被遮挡而导致植物大批死亡。随后，因食物匮乏，大批食植性和食肉性恐龙相继灭亡。但是，鸟类、哺乳类等许多形体不大的动物却奇迹般地存活了下来。

4 具有平行顶饰的爬行动物——副栉龙

副栉龙是一种大型的鸭嘴类恐龙，以食草为生。它最大的特点是头上长有一个很大的弯曲的骨冠。骨冠的内部中空，与口鼻相连。最初人们以为那是为了在水中便于呼吸之用，后来发现那更可能是一种特殊的发声系统。

骨冠的作用

据最新推测，骨冠很可能是一种向同伴发出警告的装置。当危险来临时，副栉龙就会通过骨冠中积压的空气发出巨大的鸣响，以提醒同伴们注意安全。

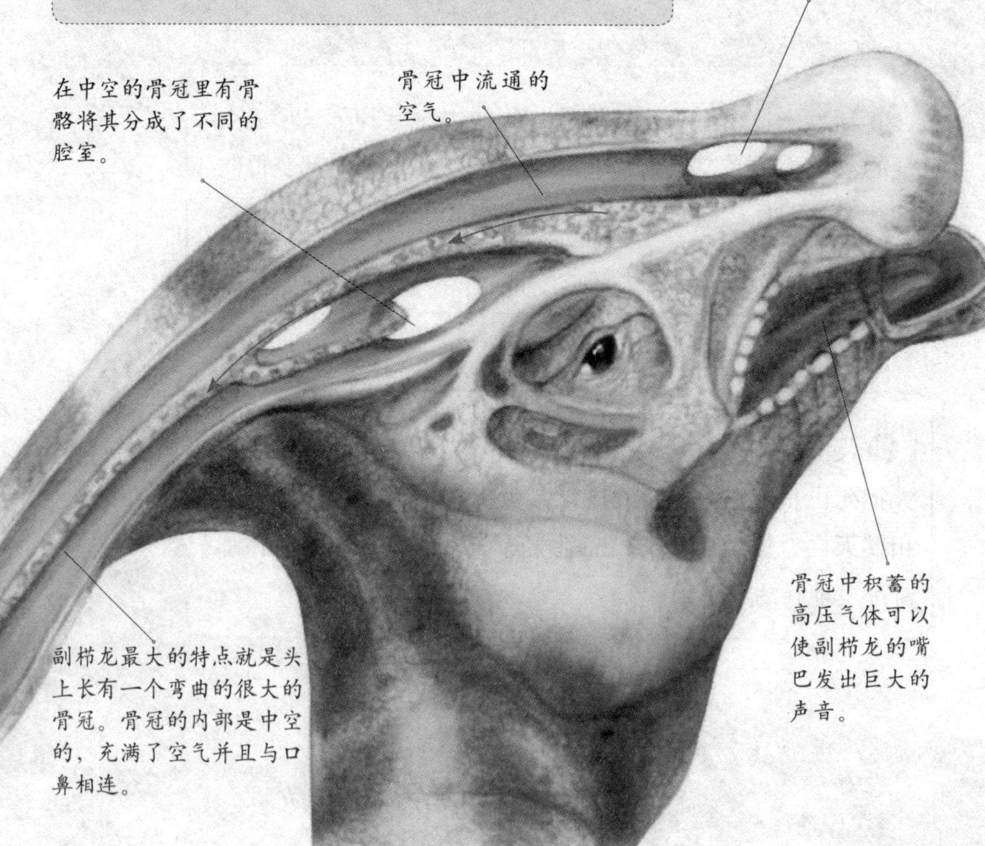

副栉龙小资料

名称含义	具有平行顶饰的爬行动物
种　　群	鸭嘴龙类
生活时期	8000万年前～6600万年前
化石产地	北美洲
体　　长	长9～10米，高3米
特　　征	头上长有长长的形状怪异的骨冠
食　　物	植物
天　　敌	其他肉食恐龙

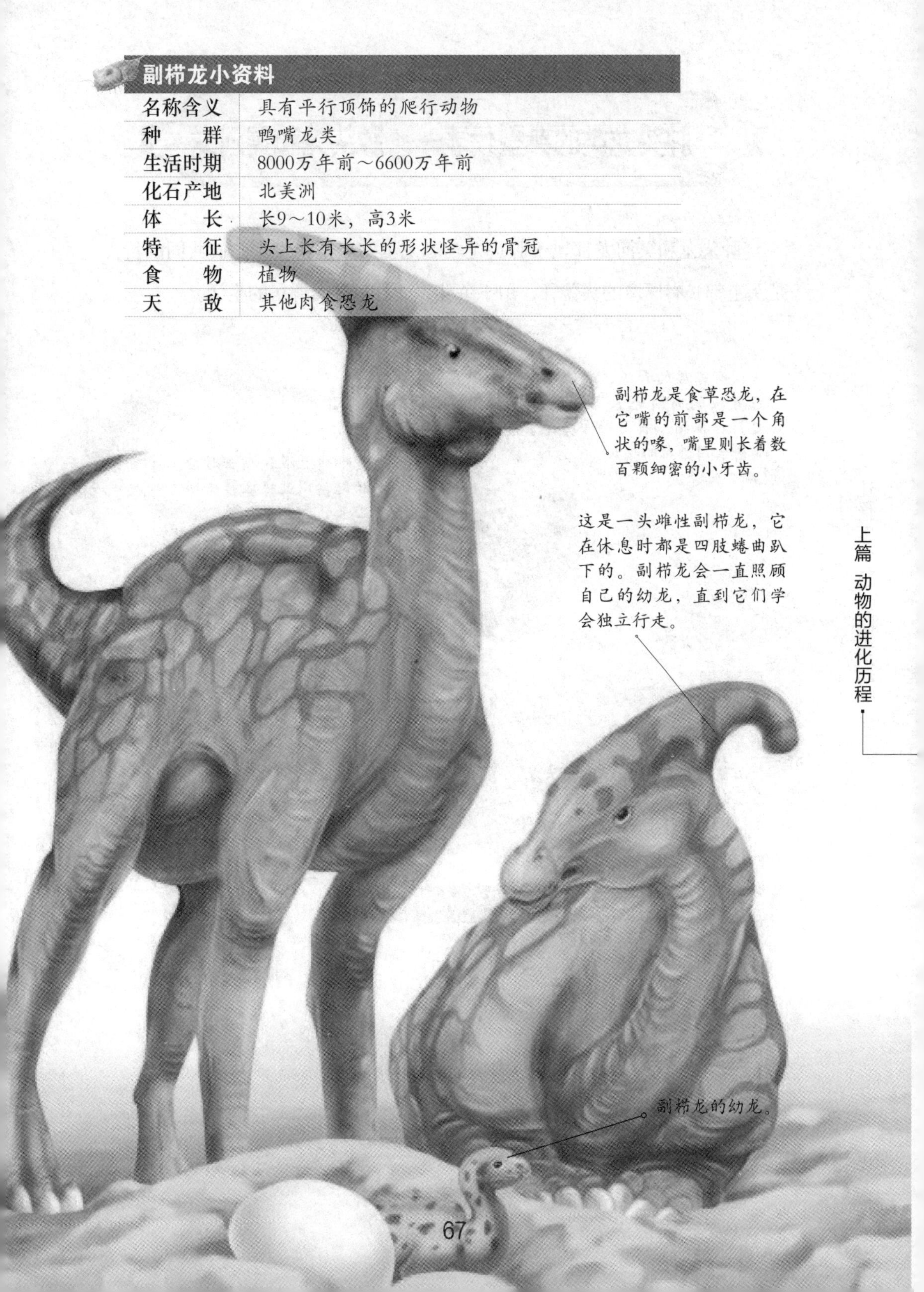

5 肿头龙类的典型代表——肿头龙和冥河龙

肿头龙和冥河龙都属于肿头龙类恐龙里的典型代表。它们共同的特点是头上都长有厚厚的头盖骨，用于争斗，而且都过着群居的生活。

肿头龙小资料

名称含义	厚脑袋的蜥蜴
种　　群	鸟臀目肿头龙类
生活时期	白垩纪晚期
化石产地	北美洲
体　　长	10米长、4米高
特　　征	头顶上有一块高高隆起的坚硬的骨头，并且在四周环绕着一圈小骨钉
食　　物	食植
天　　敌	其他大型食肉恐龙

冥河龙小资料

名称含义	厚脑袋的蜥蜴
种　　群	鸟臀目肿头龙类
生活时期	白垩纪晚期
化石产地	北美洲
体　　长	2.4米长、1米高
特　　征	头上厚厚的骨板上长有尖锐的骨刺
食　　物	食植
天　　敌	其他大型食肉恐龙

冥河龙的名字来源于美国蒙大拿州的地狱溪。

科学家们在冥河龙的栖息地附近发现了许多霸王龙的化石，这说明在当时，冥河龙肯定经常受到霸王龙等掠食者的袭击。想象一下，冥河龙和霸王龙战斗的场景应该是相当激烈的。

6 长着三只角的脸——三角龙

三角龙生活在白垩纪晚期，属于角龙类的一种，它最大的特征是庞大的脑袋上长着向前延伸的三只长角。三角龙的嘴巴前端长有很大的喙，用来剪掉灌木丛中的嫩枝。此外，在它的脖子里还长有用于咀嚼时盛装食物的颊囊。

三角龙小资料	
名称含义	长着三只角的脸
种　　群	鸟臀目角龙类
生活时期	7200万年前～6500万年前
化石产地	北美洲
体　　长	9米长、3米高
特　　征	脖子周围长有坚硬的甲壳，头上长着三只骨质长角
食　　物	食植
天　　敌	大型食肉恐龙

三角龙的头颅后方长有较短的骨质头盾。特殊的是，大多数有角盾恐龙的头盾上都长有大洞孔，但三角龙的头盾上则没有。这说明三角龙的头盾比其他同类恐龙的头盾都要结实。

三角龙的身长最长可达9米，最高可达3米，重达12吨。

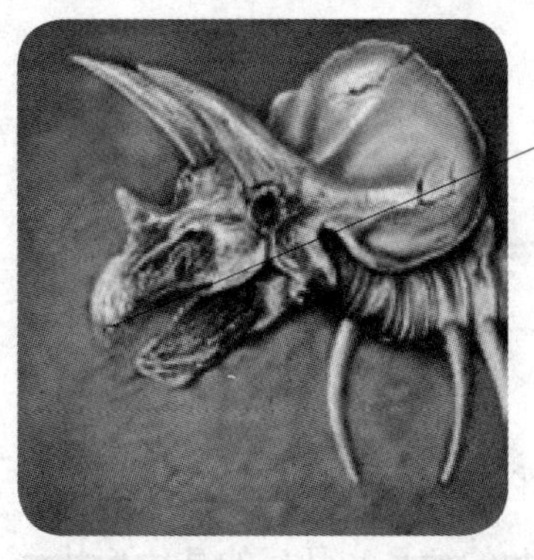

三角龙的喙状嘴长而狭窄，适合拉扯植物。最有意思的是，每只三角龙都拥有432～800颗不等的牙齿。众多的牙齿，显示三角龙主要以体积大的纤维植物为食。

三角龙的头颅很大，是所有陆地动物中最大的头颅之一。再加上头盾，头部的长度可以达到整个身长的1/3。

三角龙的集体生活

与原角龙一样，三角龙也过着群居的生活。当有敌人来袭击它们的时候，强壮的和年轻的三角龙就会围成一圈，将年幼的和年老的三角龙围在中间。

7 头上长有巨大骨盾的恐龙——角龙家族

长角类恐龙是恐龙大家族中重要的一支。它们共同的特征是头上都有巨大的骨盾以及数量不等的骨质长角，只不过角的数量和骨盾的具体形状不同而已。

厚鼻龙

生活在白垩纪晚期的角龙类中的一种。它的特征是在头盾上方长有几只小角。至于鼻子上方有没有长角，科学家们还没有定论，因为目前所发现的厚鼻龙的头骨化石非常稀少而且并不完整。

原角龙

前面已经介绍过，它的特征是在头盾上只长有一个小鼻角。

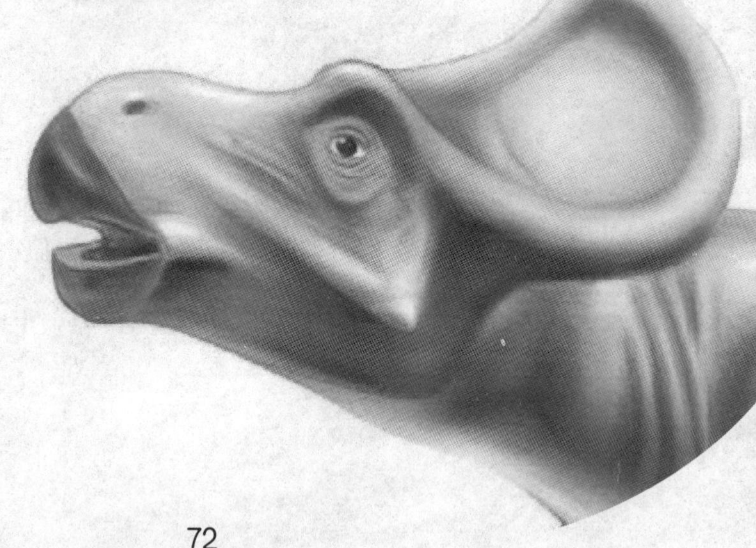

刺角龙

它的特征是在鼻子上方长有一根弯曲的长角，头盾上开有两个孔洞，并且在头盾的周围长满了短小的棘状凸起。

三角龙

前面已经介绍过它，它的特征是在鼻子和眼睛上方分别长有长角，共3只。三角龙的名称含义就是“长有三只角的脸”。

戟龙

它也是生活在白垩纪晚期的一种角龙。它的特征是在鼻子上方长有一根长长的大角，而且在头盾的边缘也都长满了长长的角，看上去非常威武。

8 长有巨大骨锤的恐龙——包头龙

包头龙是甲龙类恐龙的一员。它的身上披着一层厚厚的甲片，用以抵御食肉恐龙的进攻，尾巴长有一硕大骨锤，当与霸王龙这样的掠食者争斗时，这是一种相当有用的武器。

包头龙小资料

名称含义	全副武装的头
种　　群	鸟臀目甲龙类
生活时期	白垩纪晚期
化石产地	北美洲
体　　长	6米长、2米高
特　　征	全身长有骨板和骨钉，尾部末端长有抵御食肉恐龙攻击的骨锤
食　　物	食植
天　　敌	霸王龙等大型食肉恐龙

埃德蒙顿龙

与包头龙同属甲龙类的埃德蒙顿龙是一种生活于白垩纪中期至晚期的大型食植恐龙。与包头龙一样，它的身上也覆有厚厚的、坚硬的骨甲和骨钉，只是尾巴上没有骨锤。

头上长有短而粗壮的角。

即使是眼皮上也长有盔甲。

包头龙的骨锤被一层厚厚的、粗糙的皮肤所包裹。

具有复杂的鼻腔结构，说明它很可能具有敏锐的嗅觉。

9 恐龙有哪些分类

恐龙最早大约出现于2.5亿年前的三叠纪，最终灭亡于6500万年前的白垩纪晚期。在长达1.8亿年的漫长进化史中，恐龙家族繁衍出许多种类，目前已知的就有八百多种。总的来讲，所有恐龙可分为蜥臀目和鸟臀目两大类，在每一大类下面又可细分为众多小类。

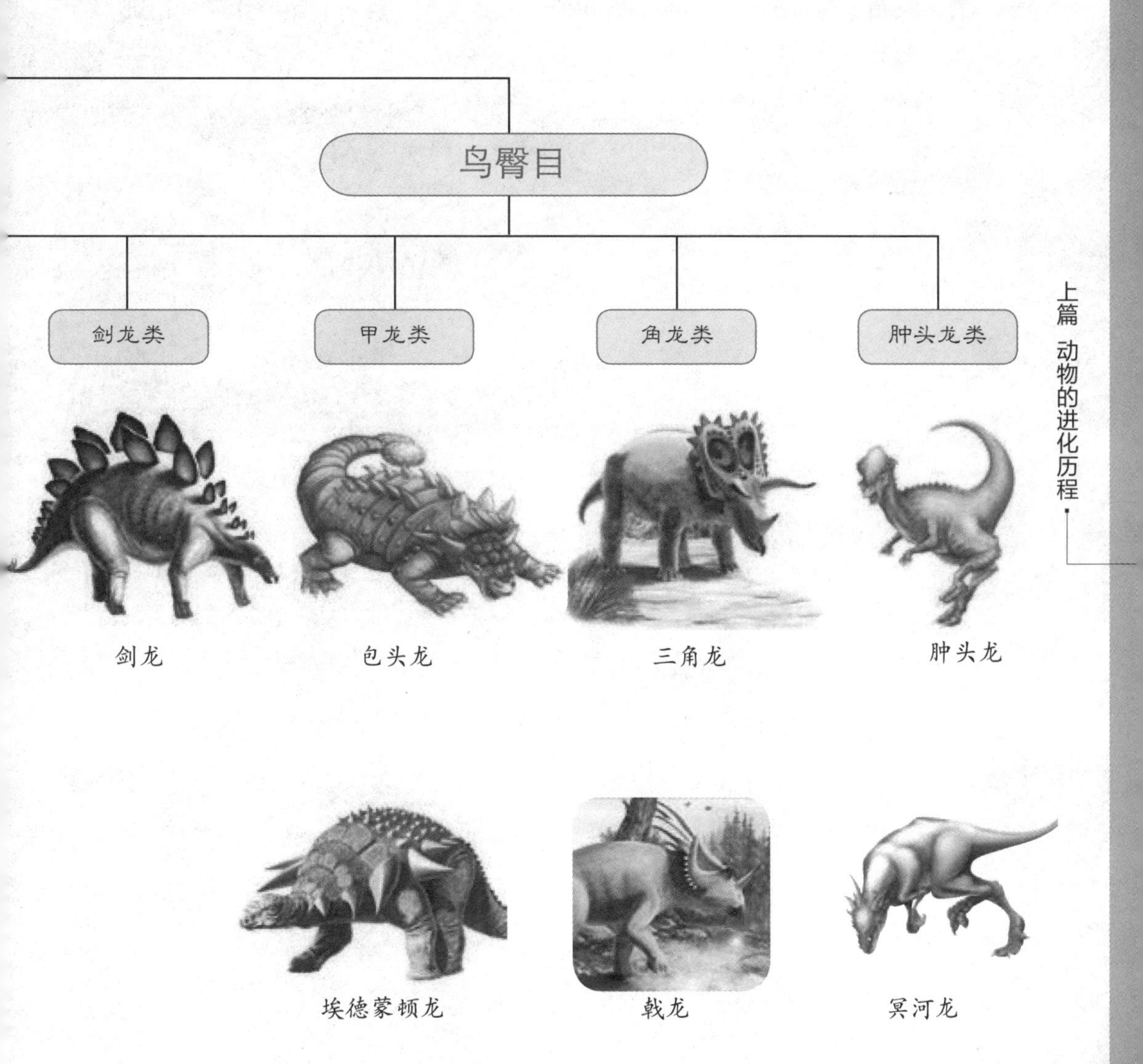

10 第一张有角的脸——原角龙

原角龙属于角龙类恐龙中原始的一种，生活在白垩纪晚期。从外形上看，原角龙与著名的三角龙非常相似，只是头上还没有长角，体形也相对小一些。

原角龙的群居生活

原角龙都是以家族为单位群居生活的，而且它们还会有社会分工，比如有的负责寻找食物，有的负责看管小原角龙，有的则负责警戒。甚至雌性原角龙在产蛋时都是几只雌龙共用一个窝，大家轮流产蛋，这种情况相当罕见。

原角龙经常受到其他食肉恐龙的袭击，但是原角龙也很厉害，它们会使用自己的大牙死死地咬住敌人的身体。科学家就曾在蒙古境内发现了原角龙与迅猛龙搏斗后同归于尽的化石。

原角龙的化石

在1923年的夏天，美国的一个科学考察团于现在的蒙古境内火焰崖附近挖出了许多原角龙化石。让人感到兴奋的是，这其中还有原角龙的蛋化石，这是第一批被人类挖到的恐龙蛋化石，从而证明了恐龙是卵生动物的假说。左图左边的是原角龙的蛋化石，右边的则是它的头骨化石。

原角龙是角龙类恐龙中比较原始的种类，在它的头上还没有进化出角，只是在鼻骨上有个小小的凸起。这也是它与后来的三角龙在外表上的最大区别。

原角龙的头上长有骨质颈盾，可以用来抵御其他食肉恐龙的袭击。一般来说，雄性的颈盾要比雌性的大些。

原角龙的身躯肥胖，体长最长可达三米。

原角龙的喙长得像鸟一样，而且在嘴的前部没有牙，只是在嘴里两侧长着一些用于咀嚼树叶的牙齿。

原角龙的四肢粗壮、有力，所以这也使得它的奔跑速度很快。

原角龙小资料

名称含义	第一张有角的脸
种　　群	鸟臀目角龙类
生活时期	7200万年前～6500万年前
化石产地	中国、蒙古
体　　长	2～3米
特　　征	喙像鸟，头上长着保护颈部的骨板——颈盾，但没有角
食　　物	食草
天　　敌	其他大型食肉恐龙

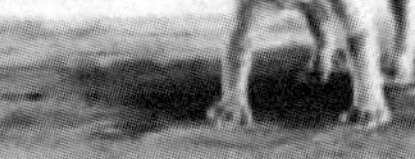
原角龙过集体生活的场景。

11 残暴的恐龙——霸王龙

霸王龙又名暴龙，是一种生活在白垩纪晚期的大型食肉恐龙。成年霸王龙的体长可达13米，体重达5吨，一度被认为是世界上存在过的最大食肉恐龙。

鼻孔具有特殊的构造，可以帮助它在炎热的天气里保持身体的水分。

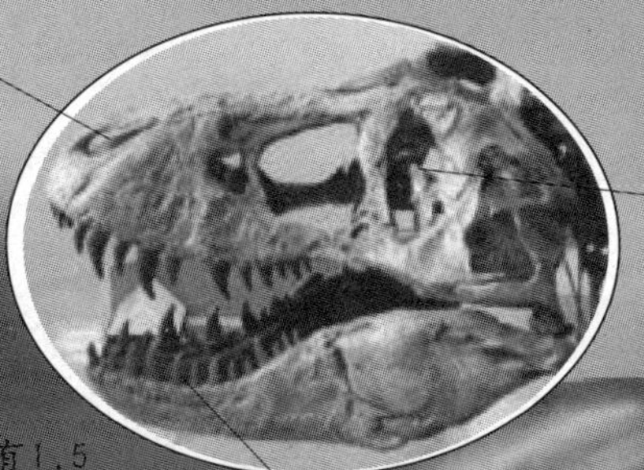

具有两个很大的眼前孔，眼眶呈椭圆形。霸王龙的眼睛立体成像功能很发达，这样有利于它们准确地判断与猎物之间的距离。

霸王龙的头部有1.5米长，头骨笨重，高而侧扁。

霸王龙嘴部肌肉强壮有力，可以轻易地咬碎任何恐龙的骨头，而且它的每一颗牙齿边缘都有锯齿状凸起，用于撕碎肉块。

有人推测，霸王龙的头上可能长有类似鸟羽的羽毛，作用也许仅是装饰或吸引配偶。

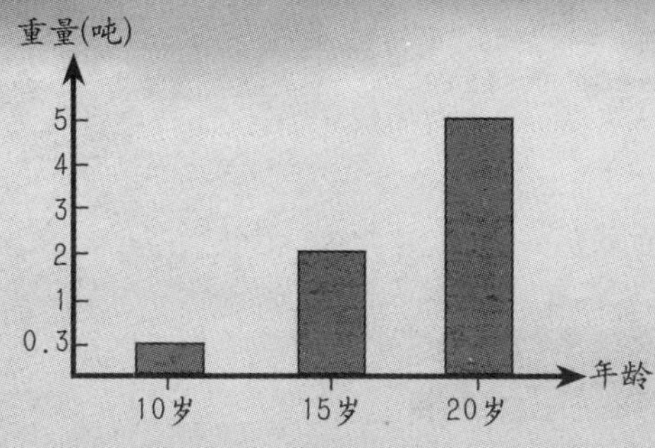

霸王龙的生长过程

后肢强壮有力，可以使霸王龙的奔跑速度达到17千米/小时，足以使它捕猎那些体格庞大、行动迟缓的植食性恐龙。

霸王龙小资料

名称含义	残暴的蜥蜴
种　　群	兽脚类
生活时期	6850万年前～6550万年前
化石产地	北美洲
体　　长	13米长、高5米长
特　　征	头颅巨大，用后肢行走，前肢短小并且只有两根手指。性格残暴，尤其喜食鸭嘴龙
食　　物	食肉
天　　敌	未发现

古偶蹄兽

名称含义为“两个尖的咬食动物”，这是指在它的臼齿上有两个齿尖。它是现在已知最早的猪的祖先，体长有50厘米，腿长，适于奔跑，甚至有可能是那个时代跑得最快的动物。

不飞鸟

恐龙灭绝之后，地球被许多不会飞的鸟类所统治，它们体形巨大，善于奔跑，而且也相当聪明。

古新世和始新世
鸟类和哺乳类动物的兴盛

6500万年前～3500万年前

古新世接续在灭绝事件之后，它与始新世是地质时代中古近纪的两个主要时期，这一时段出现了原始的现代哺乳动物。

始王兽

这不是犀牛，而是始王兽，名称含义是“最初的王”，因为它是那时最大的动物之一。在它的头上长有由毛发和骨质瘤构成的角。

三切齿兽

一种像现在的猫一样大小的肉食性哺乳动物，是不飞鸟主要的猎捕对象。

1 性格凶猛的哺乳动物——龙王鲸

龙王鲸是生存于始新世时期的一种古代鲸。龙王鲸的化石刚开始时被误认为是巨大的海洋爬虫类，后来才被认定为哺乳动物。龙王鲸的特征是身体修长，最长可达18米。

步行鲸（约5000万年前）

步行鲸是现代鲸类的祖先，是一种半陆生半海生动物，它们的四肢还没有退化，上面长着蹼一样的组织，有利于游泳。

龙王鲸（约4500万年前）

龙王鲸终于进化成了海洋里的王者，它们性格凶猛，体长可达18米。

龙王鲸嘴里长满了锋利的牙齿，它的头颅较小，没有现代鲸聪明。

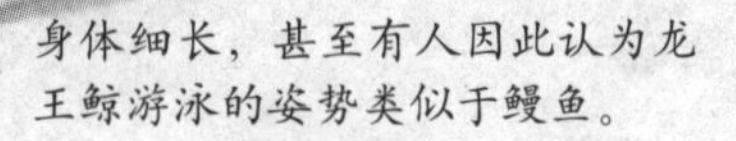

身体细长，甚至有人因此认为龙王鲸游泳的姿势类似于鳗鱼。

龙王鲸小资料	
名称含义	帝王蜥蜴
种　　群	哺乳动物古鲸类
生活时期	4500万年前～3500万年前
化石产地	世界各地
体　　长	18米
特　　征	身体呈流线型，适于捕鱼
食　　物	食肉，主要以头足类和鱼类为食
天　　敌	只有成群结队的鲨鱼才有可能对它产生威胁

洛德鲸（约4700万年前）

300万年过去了，步行鲸进化成了体长达2.4米的洛德鲸。虽然洛德鲸还是半陆生半海生，但它的尾巴已经进化为船桨状的鳍，而且身体也更具有流线型。

利于游泳的尾鳍。

巨大的胸鳍。

2 马的祖先——始祖马

古代的一种哺乳动物，生存于5000万年至3500万年前的始新世，一般认为是现代马的祖先。它体高约30厘米，长60厘米，背部稍向上拱曲，尾巴较短，四肢细长，主要以森林丛中的嫩树叶为食。因身体灵活，所以它可以在草丛和灌木中穿行。

始祖马的体形矮小，只有60厘米长，而且天性胆怯。

头部很小，牙齿也很纤细，只适合吃那些细嫩的树叶。

后背微微向上拱曲。

尾巴较短。

后肢上长有三个趾。

前肢上长有四个趾。

始祖马小资料

名称含义	马的祖先
种　　群	奇蹄目马科
生活时期	5000万年前～3500万年前
化石产地	北美洲、欧洲
体　　长	60厘米长、30厘米高
特　　征	个头很小，前肢有四个趾，后肢有三个趾
食　　物	食植
天　　敌	其他食肉哺乳动物

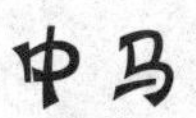

中马

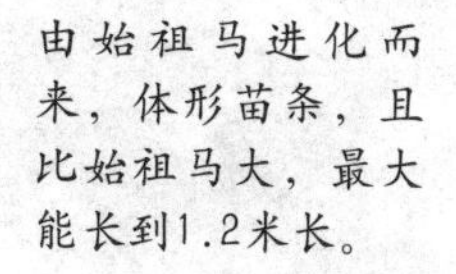

由始祖马进化而来，体形苗条，且比始祖马大，最大能长到1.2米长。

副马

由中马进化而来，体型像现代的驴，肩高超过1米，它的牙齿形状像磨石，因此比祖先更适合啃食地上的青草。

3 现代大象的祖先——始祖象

眼睛和耳朵长在头上很高的位置。

还没有长出现在大象那样的长鼻子。

也没有长出长长的牙齿，只是上下颌的第二对门齿稍大些。

始祖象是现代大象的祖先，它们还没有长长的牙齿和鼻子，体形也不高大，从外表看起来，它们长得更像现代的猪。

趾端的蹄又扁又平。

自始祖象之后，直到160万年前的更新世才产生具有现代意义上的大象——剑齿象。它的体形高大，四肢粗壮，长着长达3米的象牙。

体形不是很大，高只有2米，形状像猪。

始祖象真的是现代大象的祖先吗

始祖象虽然没有现代大象的长鼻子，但它有一些特征与现代大象很相似，所以人们在当初刚一发现它时，就认为它是象的祖先，并将它取名为始祖象。但现在有很多古生物学家对这一推断提出了质疑，认为在非洲发现的另一类古象才是现代大象的真正祖先。

始祖象小资料

名称含义	象的祖先
种　　群	哺乳动物长鼻目
生活时期	约4700万年前
化石产地	非洲
体　　长	3米长、2米高
特　　征	食植
食　　物	未发现
天　　敌	大型食肉恐龙

远角犀

一种古代犀牛，很笨重，鼻子上长有一个短小的角。据推测，它很有可能是现代印度犀和爪哇犀的祖先。

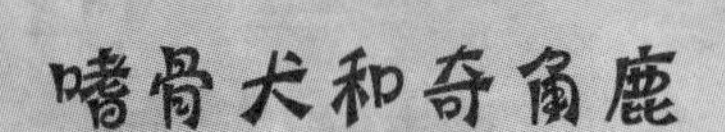

嗜骨犬和奇角鹿

嗜骨犬主要以腐肉为食，它正在啃食一只奇角鹿的尸体。

一种体形与现代马差不多大小的食植动物，脚上有爪。这是它正站起来吃树上叶子的样子。

渐新世、中新世及上新世
哺乳动物的发展

3500万年前～160万年前

这一时期，许多大型哺乳动物纷纷产生。至此，哺乳动物彻底统治了地球。

1 现代哺乳动物的祖先

在渐新世至上新世的这3000多万年的时间里，是哺乳动物占统治的时期，在这一时期产生的许多动物都是现代哺乳动物的祖先。

鹤翅雀

一种体长15厘米、身披鲜艳羽毛的小鸟，喜欢巢居在洞穴里，它是那个时期最常见的鸟类之一。

阿根廷鸟

它是一种身高达1.5米、翼展达7.2米的大型鸟类。因为它的化石被发现于南美洲的阿根廷，所以被人称做“阿根廷鸟”。

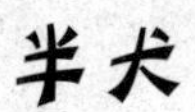

半犬

之所以称它为“半犬”，是因为它的牙齿虽然长得像犬类，可是体形却像熊，身长最长可达2米。这是一种大型哺乳动物，可能是杂食的，既吃植物也吃肉类。

埃及重脚兽

在埃及发现的一种大型食草动物，表面上看起来很像犀牛。它最大的特点是在鼻子上长有两个巨大的中空的角，一般以生长在河边的粗硬植物为食。

2 人和猩猩的共同祖先——森林古猿

森林古猿是生活在500多万年前的一种史前动物，据推测，它们很可能是现代人类和大猩猩等灵长类动物的共同祖先。

森林古猿的前肢不仅可以用来行走，而且也可以用来悬挂在丛林间摆荡、摘取野果。

森林古猿是怎样向人的方向进化的呢

人们对于森林古猿是如何进化成人类的问题一直有着种种推测，其中比较合理的解释是：由于气候变化，使森林的面积逐渐缩减，这就使森林古猿逐渐由树居生活向地面生活过渡。在这种情况下，它的生活方式和身体特征都逐渐发生了改变。最终，森林古猿的下肢更适于直立行走，双手日益灵巧，脑量逐渐增大，并萌发了意识，产生了语言，促使他们从使用工具到制造工具，完成了从猿到人过渡的第一步。

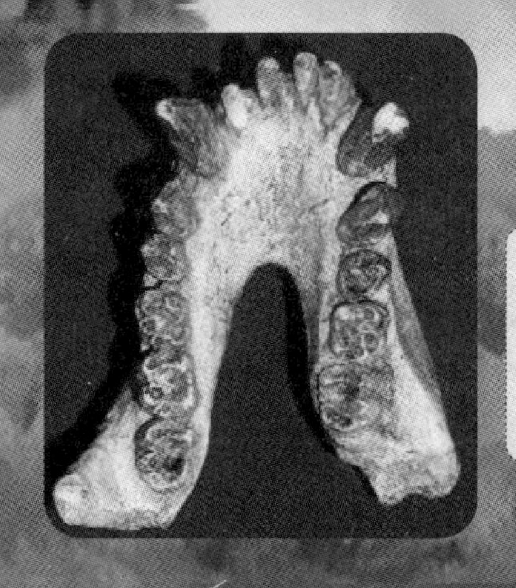

从森林古猿的牙齿化石中可以明显看出它的牙齿结构复杂，是由许多种牙齿共同构成的，这说明森林古猿是一种杂食动物。

森林古猿小资料

名称含义	树猿
种　　群	灵长类
生活时期	2000万年前～500万年前
化石产地	欧洲、亚洲、非洲
体　　长	约60厘米
特　　征	体形像现代的黑猩猩，可以四足行走，也可以两足直立行走，喜欢爬树吃树上的果实
食　　物	杂食
天　　敌	其他食肉动物

身体矮壮，肌肉发达。

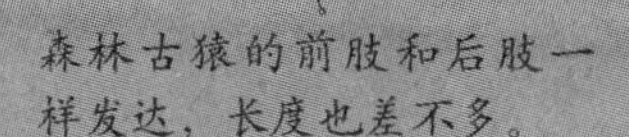

3 最大的陆生哺乳动物——巨犀

巨犀是生活在3000万前的一种巨型哺乳动物，它身长可达8米，高5米，体重达15吨，超过了最大的大象，是目前已知世界上最大的陆生哺乳动物。它的头上虽然没有长角，但是以它庞大的身躯，估计没有什么动物可以欺负得了它。

巨犀小资料

名称含义	英卓克哺乳动物，英卓克是出土巨犀化石地区传说中的一种怪兽
种　　群	奇蹄类
生活时期	约3000万年前
化石产地	亚洲、欧洲
体　　长	8米长、5米高
特　　征	体形巨大，是目前已知最大的陆生哺乳动物
食　　物	食植
天　　敌	未发现

图片中是一头现代犀牛，它与史前巨犀的差别还是很大的，尤其是现代犀牛的头上长着巨犀所没有的角。

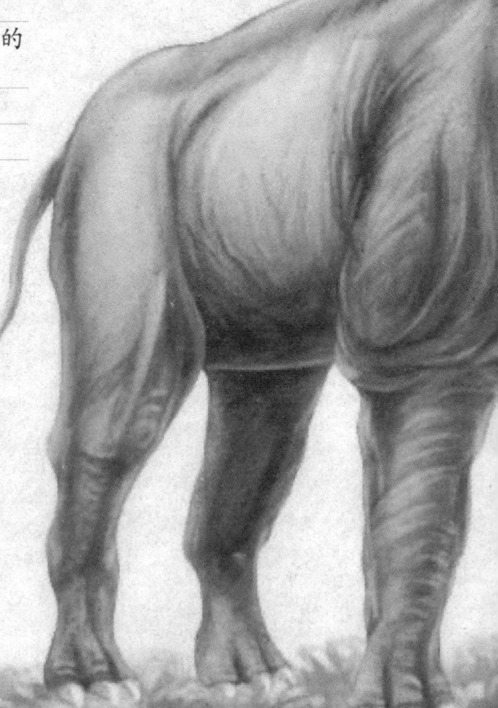

体形巨大，最高可达5米，长8米，体重有15吨，超过现代的大象。

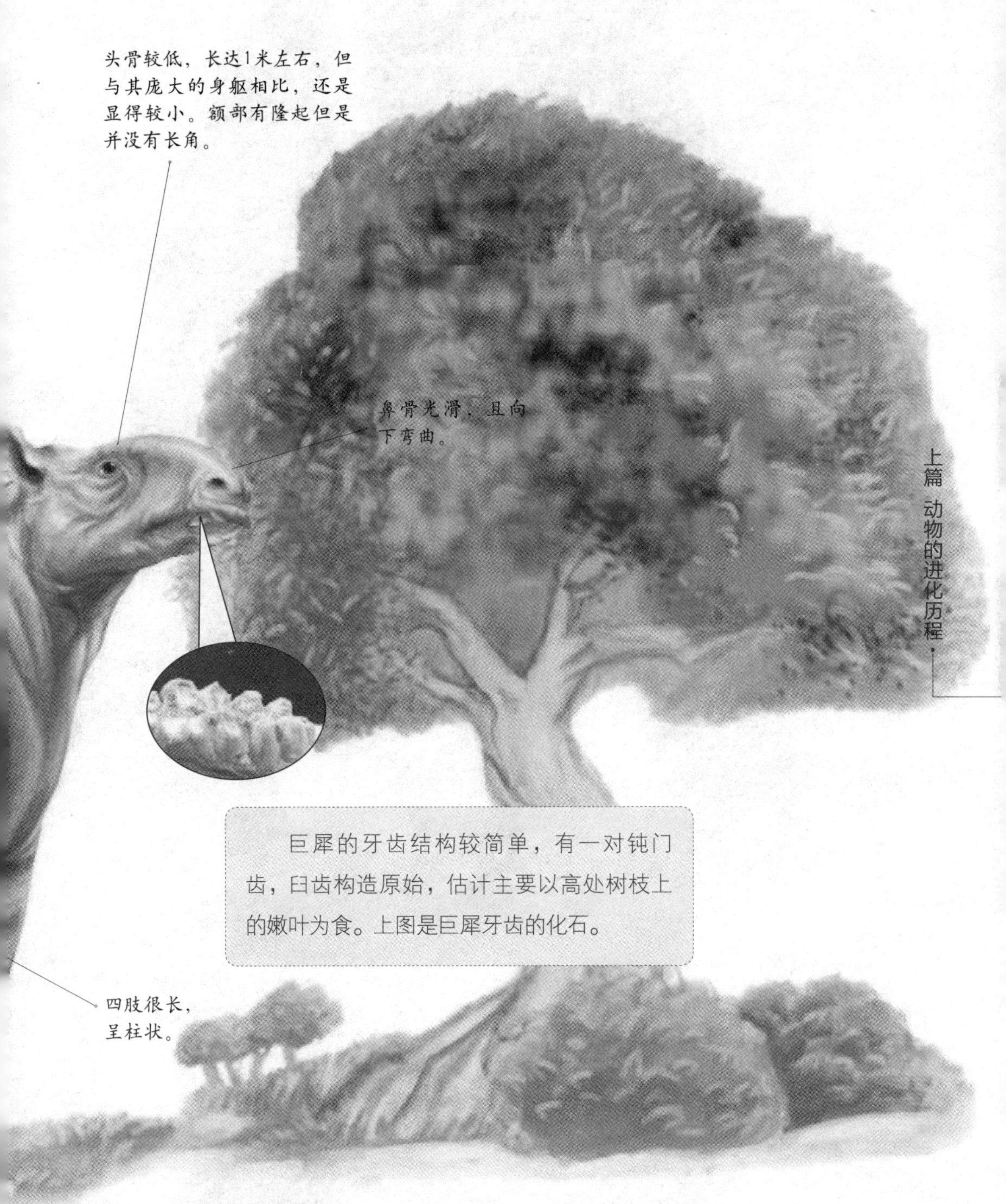

巨犀的牙齿结构较简单，有一对钝门齿，臼齿构造原始，估计主要以高处树枝上的嫩叶为食。上图是巨犀牙齿的化石。

猛犸象一般身高5米，体重10吨左右，以草和树叶为生。由于身披长毛，可抵御严寒，所以一直生活在高寒地带。

更新世
冰河世纪的哺乳动物

160万年前～1万年前

更新世又被称为洪积世或冰川世。在这一时期，全球冰量增加，海平面下降，大部分哺乳动物进行大规模迁徙或灭绝。

人类起初还能与猛犸象和平相处，但当人类进化到新人阶段时，便学会了使用火和集体协同作战，因此人类开始捕杀许多大型动物，猛犸象就是他们猎取的主要对象。

1 身上有袋的狮子——袋狮

袋狮和原袋鼠是生活在更新世时期澳洲大陆上的一对死敌，在一望无际的大草原上，几乎每天都在上演着袋狮追逐原袋鼠的一幕。

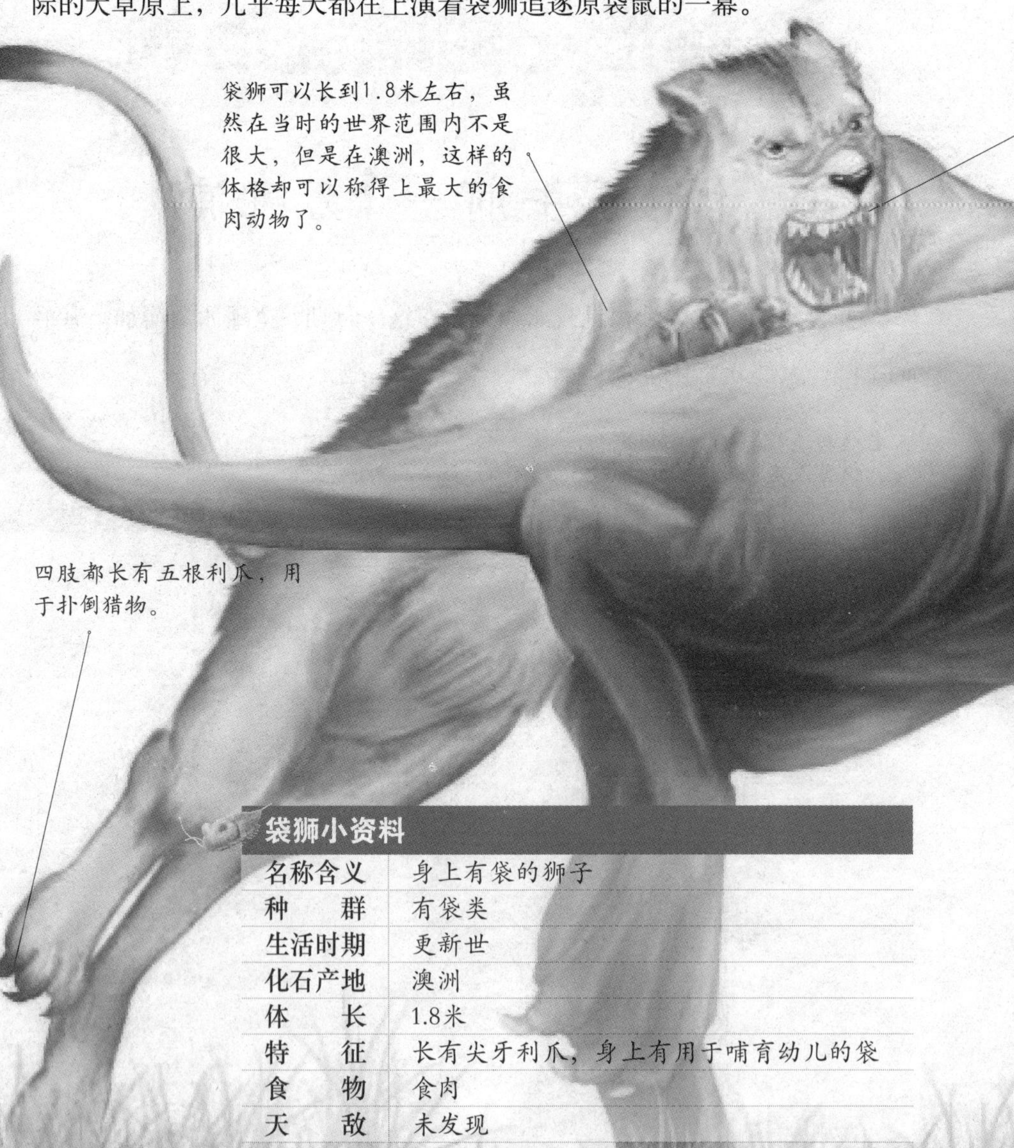

袋狮可以长到1.8米左右，虽然在当时的世界范围内不是很大，但是在澳洲，这样的体格却可以称得上最大的食肉动物了。

四肢都长有五根利爪，用于扑倒猎物。

袋狮小资料	
名称含义	身上有袋的狮子
种　　群	有袋类
生活时期	更新世
化石产地	澳洲
体　　长	1.8米
特　　征	长有尖牙利爪，身上有用于哺育幼儿的袋
食　　物	食肉
天　　敌	未发现

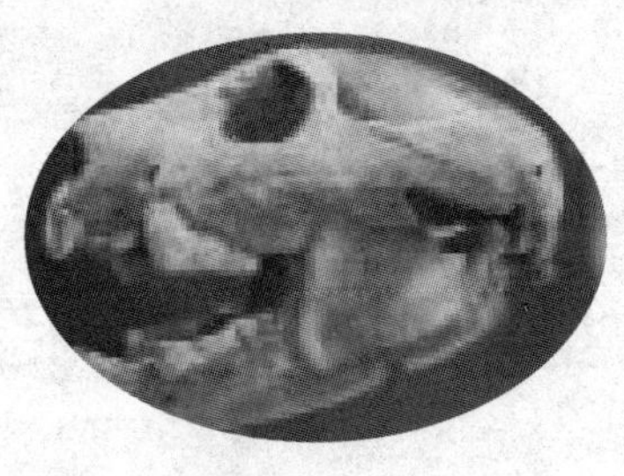

通过袋狮的头骨化石，我们可以看到它的头颅长得短而宽，脑壳也不大。

头颅上长有巨大的成对的门齿，这种门牙起着与其他食肉动物犬牙一样的作用。此外，还长有厚实的、像刀一样的裂齿，袋狮就是用它来撕咬猎物的身体组织的。

原袋鼠

当时澳洲大草原上最常见的食植性动物之一，比现代的袋鼠要大，最大的体长能达到3米。它们也是袋狮最喜欢的食物之一。

原袋鼠小资料	
名称含义	袋鼠的祖先
种　　群	有袋类
生活时期	更新世
化石产地	澳洲
体　　长	3米
特　　征	高大，有善于跳跃的双腿和哺育的育儿袋
食　　物	食植
天　　敌	袋狮等食肉动物

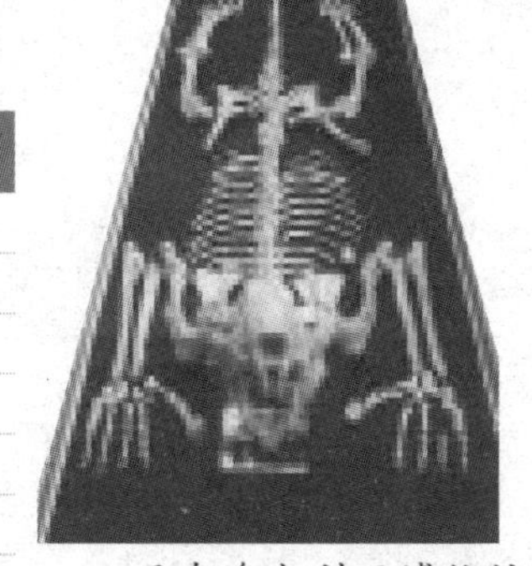

现在澳大利亚博物馆里陈列的袋狮骨骼化石。

2 更新时期的大型哺乳动物——后弓兽与大角鹿

后弓兽与大角鹿是更新世时期最常见的两种大型食植哺乳动物。大角鹿头上长着一对异常漂亮的大角，而后弓兽则长着一个大鼻子，有点儿像大象，但又没有大象的鼻子长。

长长的“喷水孔”

头上长有长鼻孔。至于它的作用，人们则议论纷纷，许多人都据此认为，后弓兽很有可能是一种水栖动物，这种鼻孔就是作为喷水孔来使用的。

后弓兽小资料	
名称含义	长脖子
种　　群	有蹄类
生活时期	200万年前～1.1万年前
化石产地	南美洲
体　　长	高约2.4米
特　　征	大小如骆驼般，头上长有一个长鼻子
食　　物	食植
天　　敌	其他大型食肉动物

适应压力的脚掌

后弓兽的脚很能适应压力，这是适应它们经常摇晃身体并改变奔跑方向的需要。这是对付那个时代最大的猎食者——剑齿虎的主要防御策略。因为剑齿虎虽然强壮有力，但它在追赶猎物时，却无法快速改变方向。

大角鹿一般又被称为爱尔兰麋鹿，因为大角鹿大部分的骨骼化石都是在爱尔兰被发现的。当然，在世界其他许多地方也发现有大角鹿的骨骼化石，比如在我国的河北、山西，甚至北京都发现了大角鹿的化石。

大角鹿最大的特征就是头上长有巨大的角，这也是它名字的来源，最大的鹿角展开能达到3米。

大角鹿的身高可达到2米左右。

大角鹿小资料

名称含义	巨大的角
种　　群	鹿类
生活时期	50万年～1.1万年前
化石产地	欧洲、亚洲
体　　长	高约2米
特　　征	头上长有巨大的、美丽的角
食　　物	食植
天　　敌	其他大型食肉动物

下篇
史前动物知识大揭秘

1 地球的年代是怎样划分的

电影《侏罗纪公园》讲述的是侏罗纪时期的事情，那么，侏罗纪是地球的哪个年代呢？这就涉及对地球年龄的划分。就像部队里从军长、师长到连长、排长的等级一样，地球的年龄也是按等级来划分的。

最高的一级叫做“宙”，地球一共分为两个宙：隐生宙和显生宙。隐生宙占据了地球年龄的绝大部分阶段，约有40亿年，这个阶段只有久远的原始生物，如细菌等。从六亿年前到现在，都属于显生宙，在这个漫长的过程中，各种生物都逐渐进化发展。

第二级叫做“代”，根据生物进化的不同，显生宙共分为三个代：古生代、中生代、新生代。

第三级叫做“纪”，上面所说的三个代又根据不同的地质特征，分为几个纪：

古生代分为：寒武纪、奥陶纪、志留纪、泥盆纪、石炭纪、二叠纪，共六个纪。

中生代分为：三叠纪、侏罗纪、白垩纪，共三个纪。

新生代分为：第三纪、第四纪，共两个纪。

第四级叫做“世”，主要用于新生代时期的划分，第三纪分为古新世、始新世、渐新世、中新世、上新世共五个世，第四纪分为更新世和全新世两个世。

地球的年代按照宙—代—纪—世这样一级级划分，对研究生物在不同地质时期的发展能起到一个脉络的作用。如果把地球的年龄看做一年，那么显生宙一直延续到11月中旬，古生代从11月中旬延续到12月初，中生代到12月20日左右，新生代一共才有10天，在新年钟声敲响的那一秒，人类才出现。

2 地球有多大年纪了

地球的年龄一直是未解之谜。西方国家的一些教会神父们宣称地球是上帝在公元前4000年创造的，很多缺少科学知识的人相信了这种说法。随着科学技术的发展，人们试图用一些科学手段来推算地球的年龄。方法一，通过海水中盐的含量来推算地球的生命年龄。他们首先假设海水最初全是淡水，河水把盐带入海洋后才使海水变咸。如果能推算现在海水的含盐量和全世界的河流每年带入海洋的盐量，就可以推算出海洋的年龄，进而推算出地球的年龄。方法二，通过测算海洋的沉积物厚度来推算地球的生命年龄。首先需要计算出海洋的沉积率，也就是每年沉积东西的厚度。然后，测量出海洋沉积物的总厚度，这样用总厚度除以沉积率就可以计算出地球的年龄。然而以上两种方法，都很难准确测量地球的年龄。方法一中，假设地球上原来海水全是淡水没法证明；方法二中，由于海底不断运动，海底沉积物也时常变化，这种方法也不能正确测量地球的年龄。但是，这两种方法给了人们很多启示。

20世纪，人们发现放射性元素的衰变具有周期性，利用这种特性测定地球年龄是目前最可靠的方法，叫做同位素地质测定法。大量科学研究发现，地壳中存在微量的放射性元素。在自然条件下，这些放射性元素衰变（简单地说就是元素释放出某些粒子而变成其他元素）的速度不受外界条件的影响，始终保持一定时间内按比例分解为其他元素，通过测算岩石中衰变后各元素的含量可以准确计算出岩石的年龄。用这种方法推算出地球上最古老的岩石大约为38亿年，再加上地壳形成之前的时间，科学家们认为地球的年龄应该是46亿年。

一般认为，地球产生于46亿年前，是与太阳几乎同步产生的。

3 达尔文进化论要讲什么

查理斯·达尔文是一位著名的博物学家、生物学家、进化论的奠基人，1809年出生于英国的一个小城镇。他经过多年的环球航行科学考察，综合研究了大量动植物和地质方面的资料，形成了生物进化的理论，简称进化论。1859年，达尔文出版了震动当时学术界的《物种起源》，提出了生物进化论学说，推翻了“神创论”和“物种不变”的理论，恩格斯将“进化论”列为19世纪自然科学的三大发现之一。

达尔文（1809—1882），英国著名博物学家、生物学家，《物种起源》的作者，进化论学说的奠基人。

进化论的主要内容是：生物是可以变化的，生物的变化有一定的规律，从简单的生物变为复杂的生物，从低等的生物进化为高等的生物。例如从类人猿进化为人类，从水生动物进化为两栖动物等，生物的这种有规律的变化就叫做进化。后人经过进一步研究证明，生物进化可分为三个层次：生物群中各种基因成分的变化，新生物种类的生成和从一个类型到另一个类型的跃变——比如从鱼类进化到两栖类。

自然选择是生物进化的原因和动力。由于生物繁殖速度较快，后代数目相当大，在有限的地球资源下，各种生物群为了能够生存必须得竞争。在竞争过程中，一些基因上具有优势、生存能力较强的生物留了下来，而生存能力弱的个体则逐渐被淘汰，即所谓“适者生存”。结果是使生物物种因适应环境而逐渐发生了变化。达尔文把这个过程称为自然选择——让优势的生物留在这个世界上。有了自然选择，生物就能按照进化论的观点进化。

4 古生代是怎样划分的

古生代包括寒武纪、奥陶纪、志留纪、泥盆纪、石炭纪、二叠纪，共六纪。其中寒武纪、奥陶纪、志留纪前三纪为早古生代，泥盆纪、石炭纪、二叠纪后三纪为晚古生代。

寒武纪对我们来说，是遥远而又陌生的，这是地球上早期生物开始出现的时期。因为这时期岩层中三叶虫化石的数量较多，所以被称为“三叶虫的时代”。

奥陶纪主要是笔石和头足类等生活的时期。早古生代时，地球上是一片汪洋，海洋占据着大部分地区，直到志留纪晚期，地壳开始剧烈运动，陆地面积大大增加，生物也开始发生巨大演变，主要表现为脊椎动物已经初步进化完成。不过整个早古生代时期，仍是海生无脊椎动物的天下。

泥盆纪时期，脊椎动物开始大大发展，脊椎动物中的鱼类空前繁盛，并慢慢向两栖类发展，终于在泥盆纪晚期出现了原始两栖类。

石炭纪时由于陆地面积已经大大扩展，所以陆生生物空前发展。两栖类和爬行类繁盛。这时气候温暖湿润，也不存在食草动物，所以陆地上形成了大片大片的森林，给煤的形成创造了有利条件。这一纪就是因为多有煤层，所以才被命名为“石炭”的。

二叠纪是古生代的最后一个纪，和石炭纪一样，这一时期也是两栖类和爬行类占主要地位，也是一个重要的成煤期。另外，这一时期的地壳运动相当活跃，海洋范围继续缩小，陆地面积进一步扩大。地理环境的变化，促进了生物的演化，预示着生物发展史上一个新时期的到来。

生命始于古生代，之前的地球一片荒凉。

5 “两栖动物时代”具体指什么时候

我们已经知道，泥盆纪的晚期出现了两栖动物的祖先——鱼石螈。鱼石螈虽然是原始的两栖类，但已经能够在陆地上生活，不过还没有完全适应陆地的环境。以后的岁月里，在不断与陆地环境进行斗争的过程中，鱼石螈在不断发展。这个时候，其他的两栖类也逐渐出现。

到了石炭纪，两栖类进入了它们的繁荣期。当时气候温暖湿润，非常适合植物生长。那时候地球上覆盖着大片大片茂密的森林，有高大的鳞木、封印木、芦木等，一些小的植物也生长得非常好，如羊齿和苔藓，这些大小植物遍布于沼泽、池塘、陆地，凡是能生存的地方，它们都顽强地扎根生存。大量的植物使当时的气候更加湿润，这为两栖动物的发展提供了一个绝好的机会，也为一些食草的两栖动物提供了丰富的食物。

从石炭纪到二叠纪，这两个纪两栖类动物达到了繁盛，所以这两个纪被人们称为“两栖动物时代”。这个时期的两栖动物真是多种多样，数不胜数。它们能够适应不同的环境，有的在陆地上生活得好些，有的在水中生活得好些，所以又有部分两栖类回到了水里。有些大型的两栖类如始螈，可以长到8米长，和现在的鳄鱼特别相似。当然，那时还有很多相貌很奇怪的两栖动物，与现在的两栖动物不同。这些早期的两栖动物，身上多像鱼一样，长着鳞甲。在古生代结束后，这些两栖动物大部分都灭绝了，只有少数存活了下来。而在以后漫长的日子里，新型的两栖动物则开始出现。

6 志留纪时自然环境是怎样的

志留纪是古生代第三个纪，开始于4.38亿年前，延续了将近2500万年。志留纪地层在波罗的海哥德兰岛上保存得最为完整，因此曾被称为“哥德兰纪”。志留纪地层在世界很多地区都有分布，现在的亚洲、欧洲和北美洲的大部分地区，在当时都属于浅海海域。中国的志留纪分布比较少，多集中在华南地区，华北地区一般缺失志留纪地层。英国是公认的国际志留系研究标准地区。此外，挪威南部、加拿大东部的安蒂科斯蒂岛、瑞典的哥德兰岛、乌克兰的波多利亚地区、捷克和斯洛伐克的布拉格等地区，都保存着志留纪发育良好的不同时期的地层和生物群。

一般把志留纪分为早、中、晚三个世，这三个世各自的特征十分明显，早志留世，海侵开始形成；中志留世，海侵达到顶峰；晚志留世，世界各地出现不同程度的海退和陆地上升，呈现出巨大的海侵旋回状态。

志留纪早期，植物逐渐从海洋登上陆地。

尤其是在志留纪晚期，发生了强烈的地壳运动，称为“加里东运动”。因为经过这次地壳运动，加里东地槽全部回返为褶皱。这次地壳运动还导致古大西洋闭合，形成一个大褶皱。板块间发生的碰撞使得一些地槽褶皱升起，古地理面貌发生巨大变化。在这一时期，海洋变成陆地，大陆面积显著扩大，生物界也发生了巨大演变，随着海洋面积的缩小，水生植物开始登上陆地。此外，有颌类也在志留纪晚期出现，这些都标志着地壳历史转折时期的到来。

7 中生代为何被称为“爬行动物时代”

爬行动物高速繁衍发展是中生代动物界的显著特征。

和两栖动物不同，爬行动物可以完全在陆地环境下生存，其代表主要是恐龙。恐龙种类繁多、形态各异，生活习性也不大相同：有的恐龙身体很庞大，如腕龙，身体长24米，体重50吨；有的像小狗一样小，如鹦鹉龙；有的食肉，如霸王龙；有的吃植物，如雷龙；还有很多各有特色的种类。正是这种特点使它们能够在地球的各大陆上生存繁衍。

另有一类爬行动物由陆地向天空发展，成为能够飞翔的爬行动物。侏罗纪时，能飞的爬行动物第一次滑翔在天空中，这就是翼龙类，如最大的披羽蛇翼龙、短尾的翼手龙、长尾的喙嘴龙等，世界上已经发现并命名了超过120种的翼龙化石。

海生爬行类在三叠纪首次出现，包括鱼龙类、鳍龙类、海龙类、原龙类等，它们生活在水中，但仍以肺呼吸。三叠纪海生爬行类化石广泛分布于中国南方的安徽、湖北、贵州、云南、广西和西藏。贵州龙是中国三叠纪海洋爬行动物群的代表，在国际学术界具有相当高的知名度。

由此可见，爬行动物可谓海、陆、空三军作战，它们在中生代的动物界占据统治地位，其他物种根本没有发展的机会。早期哺乳类动物为了存活只能藏在洞里，夜间出来觅食。

爬行动物统治地球长达1.4亿年，约是人类在地球上生存时间的150倍。由于爬行动物在中生代统治地位之高、时间之久，所以人们形象地称中生代为“爬行动物时代”，也称为“恐龙时代”。

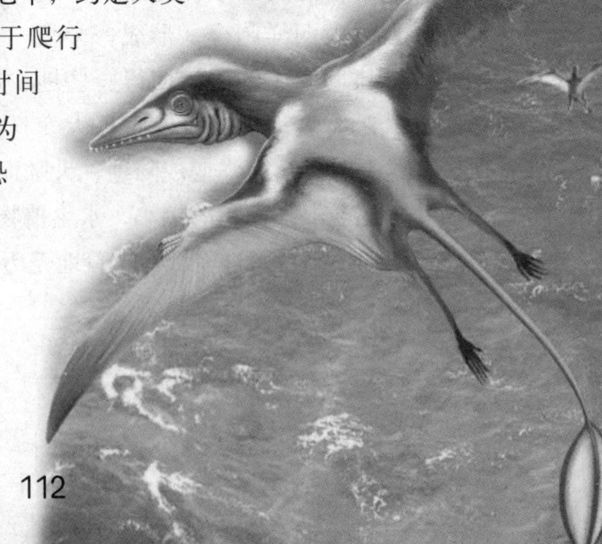

爬行动物并不都是在地上爬的，而是发展到了天空以及海洋。

8 鸟类有着怎样的发展历程

鸟类是由古代爬行动物的一支（当然也包括恐龙）进化来的，它们和爬行动物有很多相同的地方，也有很多不同的地方。这些不同的地方就是在爬行类的基础上有了很大的发展，使它们更容易在空中飞翔。最早的鸟是始祖鸟，生活在中生代的侏罗纪时期。侏罗纪之后是白垩纪，白垩纪早期的时候，鸟类开始快速进化，它们的飞行能力和栖息能力都比始祖鸟有了很大进步。黄昏鸟、鱼鸟、华夏鸟、龙城鸟、尖嘴鸟、大嘴鸟、孔子鸟等，都生活在白垩纪时期。华夏鸟的个子比较小，有牙齿，已经长有小的气窝。孔子鸟的大小和现代的鸡相近，没有牙齿，有一个发育很好的角质喙。总体看来，它已经比始祖鸟进步了很多，尽管仍有爬行类祖先留下来的很多特征。这些鸟在白垩世时期数量众多，分布也特别广，但是在白垩世晚期却和恐龙一样灭绝了。新生代时期，鸟类又开始了大大的发展时期。现在的鸟，身体多为流线型，体表长着各式各样的羽毛，前肢进化成翅膀，骨骼十分结实，而且很轻便。它们有气囊，在天空飞翔时气囊能供给它们足够氧气，并帮助肺完成呼吸。它们有恒定的体温，有敏锐的感觉系统，能够进行各种复杂的行为。现在世界上体形最大的鸟是非洲鸵鸟，飞翔速度最快的是尖尾雨燕。

产自非洲的鸵鸟是世界上最大的鸟类，却不会飞翔。

9 “三叠纪”的名称是怎样来的

三叠纪是中生代的第一个纪，距今2.5亿年～2.05亿年，持续约5000万年。三叠纪时期形成的地层称为三叠系，主要由红色砂岩构成，说明当时的气候比较温暖干燥。此种地层在德国南部最早被研究，德国地质学家阿尔贝特于1834年将这个地质年代命名为“Trias”。日本学者首先将希腊文“Trias”译为三叠纪。之所以这样叫，是因为这个地质年代形成的地层分为明显的三层，其上、下部均为陆相地层，中部为海相地层，我国地质界沿用了这一名称。代表符号为“T”。三叠纪分为早、中、晚三个世。

10 哪种恐龙被称为最小的恐龙

亚伯达爪龙是世界上最小的恐龙，身长仅有60～70厘米。它们生活在白垩纪晚期，距今7000万年，最早在加拿大艾伯塔省雷德迪尔一个叫红鹿的地区被发现，这种龙除了在加拿大被发现过，还在南美洲和蒙古被发现过。与其他恐龙有很大的不同，它有着飞禽类的特征，细长的脚、钳子般的下颌、粗硬的手臂和大爪子。据科学家推测，这种小恐龙由于奔跑较慢，很可能是一些大型恐龙的猎食对象。不同于以往发现的食草恐龙和食肉恐龙，亚伯达爪龙可能是以昆虫为食。

11 脊椎动物有哪些分类

脊椎动物数量多、结构复杂，在动物界中进化地位最高。脊椎动物的脊椎一般都包在骨头里，有一部分神经系统在脊梁骨中间，拥有的肌肉大多数是一对一对的。脊椎属于体内骨，有软骨也有硬骨，在动物成长时，脊椎骨架支撑动物的身体。有脊椎的支撑，脊椎动物体形可较大。大多数脊椎动物的骨架包括头骨、脊梁骨和两对躯肢。按照一定的标准，脊椎动物分为圆口类、鱼类、两栖类、爬行类、鸟类和哺乳类。各类之间虽然有显著的差别，但躯体的器官系统及其功能却基本上相同。

脊椎动物中最原始的种类是圆口类，现在发现的种类不多，人们知道较多的如七鳃鳗。鱼类为水生脊椎动物，用鳃呼吸，身体表面一般有鳞，现存约24000种，人类经常接触的有鲤鱼、鲨鱼等。两栖类是脊椎动物从水生过渡到陆生的中间类型，在身体结构及功能上表现出适应水陆两栖的特征。两栖类发育发生形态变化，幼体在水中生长，用鳃呼吸，成体水陆都能生存，用肺呼吸，青蛙、蟾蜍、蝾螈、大鲵都属于两栖类。爬行类是陆生动物，皮肤表面有甲或者特殊的鳞，鳄、蜥蜴、蛇是我们常见的爬行类动物。鸟类是适应于飞行的脊椎动物，一般是卵生，体温恒定，鸽子、鹰等都属于此类。哺乳类动物是动物界中最高等的一类，幼体靠食用母乳成长，恒温，行为复杂。我们所认识的动物如牛、羊等都属此类，而且人类也属于哺乳类动物。

鹰是天空的统治者，也属于脊椎动物。

12 鱼石螈属于鱼类吗

在泥盆纪晚期，出现了原始两栖类，这就是鱼石螈。由于它是从鱼到两栖动物的一种过渡动物，所以它既有鱼的特征，也有两栖动物的特征。

鱼石螈身长约1米，它有很多地方与鱼类相似，如身体侧扁、头骨高而窄，并且很结实，顶盖上的骨片位置和形状都与肉鳍鱼类很接近。身体表面有鳞片，有鱼形的尾鳍等。但是它们的眼睛已经移到了脑袋的中间，鳃盖骨也消失了，脑袋能够自由转动。鱼石螈无胸、腹鳍，但它长出了粗壮的四肢，侧面长了很多肋骨，脊椎也比鱼类更强壮、更容易弯曲，这些都利于它在陆地上爬行。鱼类主要用鳃呼吸，但鱼石螈已经能够用肺呼吸；鱼类用身体和尾巴运动，用鳍保持身体平衡，鱼石螈则是用四肢运动，用尾巴保持平衡。这些变化都说明鱼石螈是最早登上陆地的脊椎动物。

肉鳍鱼在海洋中生活得好好的，它们为什么要登上陆地呢？据科学家推测，它们很可能受到过干旱的威胁。在干旱的威胁下，它们从水塘中爬出来，去寻找另一个新的水源，在这个过程中就登上了陆地。有些鱼很幸运，它们在不远处找到了新的水塘，于是就在那里继续生活。有些鱼很不幸，它们没有找到水源，而在漫长的寻找中死去了。但是还有一部分鱼，它们在寻找水源的过程中，学会了陆地上的生活方式，于是它们的后代就在陆地上生存了下来。它们从此摆脱了海洋生活的限制，开始了新的陆地生活。因此我们知道，鱼石螈的名字虽然有一个“鱼”字，但它不是鱼，而是最早的两栖动物。

鱼石螈

13 中生代是如何划分的

中生代是显生宙的第二个代，距今2.5亿年～6500万年，分为三叠纪、侏罗纪和白垩纪三个纪。中生代这个名称是英国地质学家J.菲利普斯在1841年提出的。

三叠纪，距今2.5亿年～2.05亿年，延续了约5000万年。发生在晚古生代的海西运动使地球上的很多地槽褶皱变成了巨大山系，致使陆地面积扩大，气候开始由干旱变得湿热，爬行动物和裸子植物在这个时期崛起。爬行动物主要包括早三叠纪的槽齿类和晚三叠纪的恐龙类、似哺乳的爬行类，还有海生爬行类；裸子植物主要包括出现在三叠纪的苏铁和出现在晚古生代的本内苏铁、尼尔桑、银杏及松柏类。到晚三叠纪时，裸子植物开始在大陆的植物中占据统治地位。

侏罗纪，距今2.05亿年～1.35亿年，经历了约6800万年。在这一阶段，生物发展史上发生了一些重要变化：槽齿类和海生的幻龙类绝灭，恐龙成为陆地统治者；飞行的爬行动物——翼龙类，第一次滑翔于天空之中；鸟类首次出现；哺乳动物开始发展；裸子植物的发展达到高峰。

白垩纪，距今1.35亿年～6500万年，经历了约7000万年。大陆开始被海洋分开，地球气候变得温暖、干旱。被子植物开始迅速发展，在白垩纪中晚期开始慢慢取代裸子植物在中生代占统治地位。爬行动物等相继衰落和绝灭，鸟类、哺乳动物及腹足类、双壳类等得到长足发展。

中生代恐龙繁盛，所以中生代也可以被称为“恐龙时代”。

14 三叠纪发生的重大事件有哪些

腔骨龙是生活在三叠纪时期的一种恐龙。

发生在三叠纪和侏罗纪两个时期分界点的事件，影响了恐龙的发展。有科学家认为，三叠纪末期地球发生了毁灭性的灾难。许多海洋生物彻底灭绝，如某些菊石、许多爬行动物也遭受了灭顶之灾。而与之相反的，这场灾难给了恐龙发展的新空间，它们开始快速繁衍生息，最终成为侏罗纪时期地球的霸主！

关于那场灾难，科学界有不同的解释。最主要的解释有两种，一种说法是灾难由某个行星撞击地球引起，这种说法以在加拿大发现的一个1000万年前的撞击坑为根据。小行星撞击地球直接导致许多生物在刹那间灭绝，即使抵抗力较强的一些动物，其种群和数量也都受到很大影响。海平面海底地形海水温度等自然环境在撞击前后变化很大，陆生、海生生物需要重新适应环境。另一种说法是地壳内部运动导致大量的熔岩喷发到地表，地球上的生物在恶劣的高温环境下大量地死亡。当然，除了这两种解释外，还有一种综合性的说法，他们认为正是由于小的行星撞击了地球才引起了地球内部熔岩的喷发。不管以上哪种说法正确，在这个时期，地球的确受到了异常现象的干扰，恐龙的身体特点和基因变异适应了这种新的生存环境。恐龙因此成为以后一个时期地球的主宰。

15 侏罗纪的软骨鱼有哪些

软骨鱼，顾名思义，它的骨架由软骨组成。软骨鱼的内骨骼完全由软骨组成，虽然会发生钙化，但身体内没有真骨组织，外骨骼也不是很发达，身体披着盾鳞以保护自我。因为软骨鱼类的骨骼是软骨，因此除了牙齿和棘刺外，在地层中很难保存形成化石。我们今天所发现的软骨鱼类化石最早出现于早泥盆纪晚期，在石炭纪时处于繁盛阶段，并且一直延续到现代。

侏罗纪时期的软骨鱼类主要有鲨、鳐、鲛三大类，鲨包括虎鲨、六鳃鲨、鼠鲨、猫鲨、角鲨、扁鲨小类，鳐主要包括犁头鳐，鲛则包括弓鲛、银鲛、多棘鲛、似鲛等。软骨鱼进化过程缓慢，一亿多年来，它们的特征习性并没有发生很大变化。

在中生代的侏罗纪出现了由鲨的同类进化而来的鳐鱼。鳐鱼身体扁平，呈圆形、菱形或扇形等不同形状。多数鳐鱼种类的尾巴像鞭子般细长。鳐和鲨一样，都没有腮盖，嘴位于腹部上端，牙齿呈铺石状排列。双眼在身体的背部，眼睛后面各有一个喷水孔。

软骨鱼类的进化过程按照鳃类和全头类两个方向发展，鲨类及其亲族是腮类的代表；而全头类的代表，则是鲛类。鲛类可以从中生代的多棘鲛类追溯到颊甲鲛类，它们几乎全部生活在海底，具有替换缓慢的齿板，基本以带壳食物为食，用齿板研磨。

鲨鱼就是软骨鱼。

16 谁是三叠纪的海洋霸主

鱼龙

三叠纪海洋里的生命异常活跃，那些生命主要是三叠纪中晚期出现的鱼龙类。鱼龙类分为很多科、很多种，它们形态各异、大小不一。萨斯特鱼龙主要生活在深海中，是诸多品种中的佼佼者，它是凶猛的食肉性海洋动物，以食鱼虾为主。它身型庞大，长十多米，背部没有鳍，尾鳍呈竖立的月牙状，通过摆动身体前进。它的头尖小呈三角形，嘴细长，内有粗壮似扁锥的牙齿，眼睛又大又圆，尾巴短，四肢扁平，脊椎骨从肩部到尾部呈弧形弯曲，非常流畅，这样的身体结构可以减小水的阻力，迅速游动捕食猎物。现在我们看到的鲸鱼类和它很像。海洋中活跃的生命为它提供了足够的食物，经过1000万年的发展进化，撒斯特鱼龙从诸多的海洋生物中脱颖而出，并成为海洋霸主。

17 泥盆纪为什么被称为“鱼类时代”

泥盆纪是古生代的第四个纪，那时陆地面积扩大，古地理面貌也相应地发生了巨大改变，这不可避免地给生物界带来巨大影响。主要表现为海生无脊椎动物发生了重大变化，盛于寒武纪的三叶虫只剩下少数代表，盛于奥陶纪和志留纪的笔石也仅剩下少量的单笔石和树笔石。腕足动物和珊瑚动物则有了进一步发展，还出现了原始的菊石，即一种生活于海底的软体动物。

此时期是脊椎动物爆发式发展的时期。脊椎动物中的鱼类（包括甲胄鱼、盾皮鱼、总鳍鱼等）更是空前发展，无论是淡水鱼类还是海生鱼类，各种类别的鱼都先后出现。早泥盆纪以原始无颌的甲胄鱼类为多，中、晚泥盆纪有颌具甲的盾皮鱼相当繁盛，这其中包括真正的鲨鱼类，还有与颌连起来身长可达9米的节颈鱼类。

泥盆纪鱼类繁盛，图中是恐鱼和裂口鲨。

现代鱼类——硬骨鱼也开始发展，肺鱼类即形成于此时期。它是硬骨鱼的一类，这种鱼既能用鳃呼吸，也能用肺作为辅助呼吸器官。它的某些类别在今天仍然存在，肺鱼是用鳃呼吸的鱼类向用肺呼吸的两栖类进化的一个重要中间环节。它不但将漂浮囊进化成了原始肺，而且某些进化成熟的鳍状肢，使其既能够在水面上短时期地生活，同时又能在陆地上做有限的运动。由于这些鱼类的空前发展，因此，泥盆纪又常被称为“鱼类时代”。泥盆纪晚期，由鱼类进化而来的两栖类登上陆地，标志着脊椎动物开始了征服陆地的漫长过程。

18 三叶虫属于节肢动物吗

节肢动物是动物界最大的一门。我们知道的蚊、蝇、虾、蟹、蜘蛛、蜈蚣以及已经灭绝的三叶虫等，都属于节肢动物。节肢动物都是蜕壳的，蜕一次壳长大一截，不蜕就不能长大。如果节肢动物失去了蜕壳的能力，那么它也就活不长了。

三叶虫在寒武纪早期出现，经过中间的奥陶纪、志留纪、泥盆纪、石炭纪，直到二叠纪的时候才完全灭绝。它在地球上存在了三亿多年，可见这类生物的生命力是多么顽强！三叶虫在漫长的三亿年间，演化出了很多种类。这些种类最大的长达70厘米，最小的只有2毫米那么大。有的喜欢在海洋中游泳，有的喜欢在水面上漂着，有的喜欢在海底的泥潭上爬行或者半游泳，还有的喜欢钻在泥沙中，总之，整个海洋都是它们的天下。

就单个三叶虫来说，它的整个身体分头、胸、尾三部分，其中背部又纵分为左、中、右三部分，这使它看起来像三片叶子，因此叫做“三叶虫”。现在我们只能从它遗留下来的化石，来想象它当年美丽的样子了。根据科学家的研究，大部分三叶虫为卵形或椭圆形，头部长有眼睛，没有鼻子。它们长长的触角可以用来闻东西，靠体表和外界环境进行气体交换。那时的海洋中有很多原生动物、海绵动物、腔肠动物和腕足动物，三叶虫就以这些动物，或者它们的尸体为食物，也吃海藻。三叶虫不会主动攻击敌人，因为它游泳的速度不是很快，没有杀伤力。一旦有别的动物，如鹦鹉螺攻击它时，它就会把自己的身体快速地蜷缩起来，沉入海底，以保护自己。

奇异虫，是三叶虫的一种，它的身上具有明显的三叶虫特征。

19 哪种动物是始新世晚期的海洋霸主

自从鲸鱼出现以来，无论在体积上，还是在凶猛程度上，它们一直在海洋世界中占据统治地位。出现于始新世晚期的矛齿鲸，身体长约5米，在3700万年前的北非大陆的古地中海过着群居生活。一群矛齿鲸中的雌性一般都有血缘关系，它们以食肉为生，属于食肉性哺乳动物。矛齿鲸凶猛、身大，但活动敏捷，属于始新世晚期最凶猛的动物之一。它善于在闪展腾挪中撕咬对方，遇到劲敌也会用力冲撞。尽管矛齿鲸的杀伤力已经接近极致，但是如果遇到是它个头三倍的龙王鲸，它就得躲避，否则就会成为被捕杀的对象。

龙王鲸才是始新世晚期真正的霸主！龙王鲸体形巨大，身体最长达20米，仅嘴巴就有2～3米长，嘴巴如同两张巨锣，一张一合就能吞吐十多吨的海水，嘴巴里长满了锯齿一样的硕大牙齿。龙王鲸是一种较为古老的鲸，它的身体在自然选择中适应了环境的变化，前肢蜕化为鳍，但是还没有完全进化为现在鲸的形状，还保留了很小的后肢。龙王鲸嗜血成性，残忍凶暴，被称为“海底杀戮机器”。在海洋世界里几乎是无敌的，矛齿鲸、鲨鱼等凶残的食肉者遇到它不逃即死。

龙王鲸是始新世时期的海洋霸主。

20 “安氏中兽”指的是什么

安氏中兽

安氏中兽是生活在新生代第三纪时期的踝节类，当然也是哺乳动物。这类动物的身体和现代的狼有点儿相似，但要比狼大得多、粗壮得多。它的身体和马一样高，很长，鼻端也很长，但脑袋很小，有结实的牙齿但很钝，不适合撕咬猎物，所以它可能吃腐肉更多些。它有长的尾巴，四肢很短，脚上有蹄。安氏中兽是独居动物，经常单独活动。至于安氏中兽的其他情况还有待研究。它是曾经出现过的最大的陆生哺乳类食肉兽之一。

21 无脊椎动物可以分为哪几类

无脊椎动物是动物界中除脊椎动物以外全部门类的通称，是动物类群中比较低等的类群。无脊椎动物的种类非常繁杂，生活环境宽广，生活方式较多。据统计，现存有一百多万种（脊椎动物约5万种），已灭绝的无脊椎动物种类则更多。按照无脊椎动物的进化顺序，它包括原生动物、腔肠动物、扁形动物、线形动物、环节动物、软体动物、节肢动物、棘皮动物等类群。

原生动物是只有一大群单细胞的真核的生物，包括草履虫、太阳虫、钟虫等。

腔肠动物包括水母、珊瑚、水螅和海参等，它们都只有一个孔，同时起着口和肛门的作用。

扁形动物是一类身体扁平，两侧对称的最简单和最原始的三胚层动物，常见的有血吸虫、涡虫等。线形动物身体一般为细线形或圆筒形，常见的有钩虫、寄生在人体的蛔虫和蛲虫。

环节动物门是高等无脊椎动物的开始。有头或口前叶、闭管式循环系统、世界性分布，常见的有水蛭、蚂蟥等。

软体动物的身体柔软，一般把身体藏在坚硬的外壳里，以保护自己，但硬壳会妨碍身体的灵活性，所以它们行动都相当缓慢。软体动物的族群包括乌贼、章鱼、鹦鹉螺等，寒武纪的菊石与箭石也是软体动物。

节肢动物也叫节足动物，有节肢和外壳，身体一般分为头、胸、腹三部分，有的分头和躯干两部分，绝大多数是雌雄异体。它们的壳会随着成长蜕换。节肢动物在陆地、海水和淡水中都很常见，主要有蜈蚣、千足虫、昆虫三个种类。

棘皮动物是指生活在海底、身体呈辐射对称的无脊椎动物。它们的表皮布满像荆棘一样的尖刺，代表动物有海星、海胆和海参等。棘皮动物的再生能力很强，比如海星，只要体盘连着一条腕就能重新长成新个体。

22 “剑齿龙”名字的由来

剑齿虎

第三纪是剑齿动物的全盛时期。古剑齿虎在渐新世时期就出现了，一直生活到更新世时期。和现在的老虎一样，它是大型猫科动物。它的体形也和现代的老虎差不多。为什么叫它“剑齿虎”呢？因为它长着一对像剑一样锋利的牙齿。那对牙齿比现代老虎的犬齿要大得多，甚至比野猪的獠牙还要大。除了象牙，世界上再也没有比它更大更长的牙齿了。它的这两根牙齿是专门用来对付乳齿象、犀牛等大型动物的。剑齿虎生长的时代，正是第四纪冰川时期，那时气候非常寒冷，大型食草动物都长着很长的毛和厚厚的皮来抵御寒冷，它们行动很迟缓，容易被捕杀。可是由于皮太厚，一般的利器便伤不透。剑齿虎的牙齿就不一样了，它可以直接戳进猎物的身体深处。后来冰川纪结束了，气候开始转暖，植物生长又旺盛起来，食草动物也开始大量繁殖，原先那些耐寒冷的大型食草动物，不能适应气候的变化，纷纷死亡。剑齿虎失去了食物，它也想捕杀马、鹿等小一点儿的动物，但是动作不够敏捷，奔跑起来又慢，再加上那时候原始人类已经出现，人类又捕杀它们，所以它们就逐渐消亡了。剑齿虎是那个时代的顶级杀手，也是孤独杀手。它灭亡的年代已经距我们非常近了，但遗憾的是，它没有再坚持一下，不然我们现在就可以在动物园看到它了。

23 慈母龙名称是如何得来的

慈母龙生活在白垩纪晚期的北美洲，成年慈母龙身长可达9米，体重达4吨，属食草动物，以叶子、浆果、种子等为食。

慈母龙化石于1979年在美国蒙大拿被发现，这次科学家们发现的不是一具恐龙骨架化石，而是一个恐龙窝，窝中有很多小恐龙骨架，这使他们非常惊讶。因为人们一直认为恐龙和其他爬行动物一样，生下蛋以后一走了之，破壳的幼崽自寻出路，自生自灭，所以不可能有一窝小恐龙死在一起。

通过对恐龙窝进行分析，科学家推断，在这些小恐龙出生之前，它们的父母就开始营造温暖的窝，用一些柔软的植物垫在窝里。在产卵之后，母亲或者还有父亲会一直在窝旁看守，以免被别的恐龙偷走。通过对这些小恐龙的骨架进行研究，科学家们发现它们的四肢还没有发育完全，不可能自觅食物，但它们的牙齿已经有磨损，这一现象说明这些小恐龙出生后一直由父母喂养，直到它们能自己寻找食物才离开家。附近的恐龙足迹化石显示，它们外出时会排列成有序的队伍，大恐龙在外围，小恐龙在中间，如象群。可以说这些小恐龙化石的母亲是非常称职的，它和更高级的哺乳动物一样懂得照顾自己的孩子，所以科学家给这种恐龙取了一个很有人情味的名字——慈母龙。

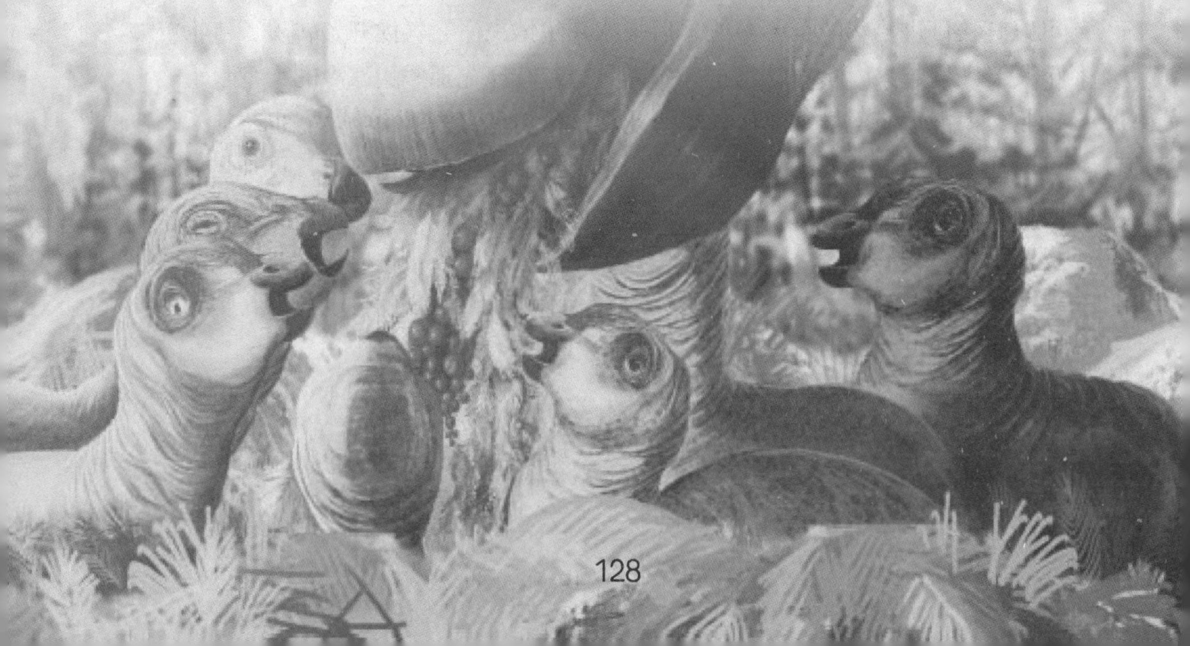

24 哪种动物是两栖动物时代的代表

始螈：人们为什么给始螈起这样一个名字呢？因为它是最早的两栖动物之一，始就是开始、开端的意思。始螈的身体很长，像鳗鱼，头部比较尖，像鳄鱼。它能长到8米长。

蚓螈：蚓螈和始螈不同，它的头是扁平的，很大，很宽阔。牙齿也很大。它长出了原始的耳朵，所以能听见空气传送的声音。它长得特别粗壮，所以看起来有些笨重。它的生活习性也和现代的鳄鱼有些相似，出没在溪流、江河、湖泊中，捕食鱼和一些小型的爬行动物。与现在的两栖动物，如青蛙身上多是光滑潮湿的不同，这些早期的两栖动物身上都是长着鳞甲的。

笠头螈：笠头螈生活在二叠纪时期，是一种长相特别古怪的两栖动物。它的身体细扁，最大的笠头螈身体长1米多。它小时候脑袋是圆的，随着年龄的增长，头开始向两边长大，长成很宽很宽、像箭头一样的形状，最后头部比身体还要宽，看起来就像脑袋上戴着一顶斗笠，所以人们叫它“笠头螈”。这么奇怪的动物，它的眼睛长在什么地方呢？它的眼睛长在身体上侧，嘴巴长在下面。它还有一条长长的尾巴，因此，它比引螈的游泳技术要好得多。笠头螈也有四肢，但它的四肢又软又弱，四肢上各长五趾。它虽然是两栖动物，但大部分时间是待在水底的，当然也经常爬出来，趴在泥岸上打瞌睡。

蛇螈：蛇螈长得特别像蛇，所以叫它“蛇螈”。它没有腿，尾巴和现代的黄鳝很相似，大部分时间生活在水中。

蚓螈，体长可达1.5米。

25 奇蹄类与偶蹄类动物有什么不同

奇蹄类和偶蹄类是现代的最主要有蹄动物。大约在始新世时期，一种和狐狸一样大小的食草动物，从原始的踝节类里发展出来，它就是始祖马。它是现代马的祖先，也是整个奇蹄类动物的祖先。奇蹄类的趾数常为奇数，如一、三、五，而起作用的常常是中间少数几个趾，有的还集中到一个趾上。这点使得奇蹄类的动物们能够快速地奔跑。最初的奇蹄动物的脚趾常常是前面三个，后面四个。史前的奇蹄动物有爪兽、巨犀等。现代的马、貘、犀牛等，是奇蹄类。

始新世时期，还有另一种小动物从踝节类中分化出来，我们称它为古偶蹄兽，为什么叫它“偶蹄兽”呢？因为它们前后脚的趾数都是偶数——两个或四个。当然，不能再多了，否则就真成怪物了！偶蹄类的动物，后肢可以更自由地伸展或弯曲，因此偶蹄类比奇蹄类更善于跳跃。偶蹄类还有一个非常明显的特征，就是会反刍。就是它们可以把吃到肚子里的东西再吐出来，充分咀嚼后重新吞入继续消化，太复杂了！但是这可以使它们在短时间内快速地吞下大量植物，然后找一个安全或者舒适的地方慢慢咀嚼。牛、骆驼、鹿等，是现代的偶蹄动物。

骆驼善于在沙漠中生存，有“沙漠之舟”的美誉。

26 鱼类出现的过程是怎样的

在寒武纪晚期出现了最早的无颌类鱼形动物，揭开了脊椎动物史的序幕，从而使动物界的发展进入一个新的历史阶段。晚志留世出现了从无颌类分化出来的最早具颌的棘鱼类和盾皮鱼类。有了上下颌，就不仅是被动摄食微小有机物，而可主动追捕大的食物了。有颌类被公认为是最早的鱼类，鱼类的出现是从颌硬化开始的，生命有了好的摄取食物的工具——颌才有了里程碑式的发展。从志留纪晚期到泥盆纪早期，鱼类已经繁盛起来，化石记录增多，除无颌类占多数外，已有了相当多的原始有颌鱼类，此时是一个无颌类和原始有颌类并存的繁盛阶段。软骨鱼类和硬骨鱼类在无颌类和有颌类的进化过程中，不仅已经出现，而且达到了非常高的进化阶段，演出了脊椎动物进化史上的重要一幕，低等类生物和高等类生物同处于一个时期。

至泥盆纪晚期，繁盛一时有厚重甲胄的无颌类和原始有颌类绝灭；而进步的有颌鱼类开始繁盛。软骨鱼类在泥盆纪中、晚期以相当进步的面貌突然出现，它已经经历了一段相当长的进化历史当无疑问，但因其骨骼软弱、身体结构不强，终没摆脱对水体的依靠。硬骨鱼类此时的进化是最成功的，表现在两个方面：一是在泥盆纪晚期从肉鳍鱼类进化出了征服陆地的两栖类，揭开了艰难而生动活泼的陆生脊椎动物进化发展的序幕；二是后来繁盛的硬骨鱼的辐鳍鱼类也已出现。

硬骨鱼的辐鳍鱼类，在泥盆纪之后向着减少身体鳞片的重量、脊椎骨逐步骨化、偶鳍基部变窄、灵活性加强的方向发展，经晚古生代、中生代和新生代的进化更替，经历了发展的三个明显阶段，即晚古生代的软骨硬鳞鱼类阶段；中生代的全骨鱼类阶段，脊柱部分骨化，硬鳞层变薄；新生代的真骨鱼类阶段，脊柱的椎体亦全部骨化。在两个阶段之间，前、后两阶段的许多类群交叉共存。

27 哪些动物是石炭纪的主要动物

石炭纪到来了，以前在海洋中生存的动物有的已经绝灭，有的仍继续存活。我们先看一下这个时期在海洋中生活的主要动物：

1．腕足动物：这类动物的身体十分柔软，有上下两枚介壳，保护着背部和腹部。它的头顶有许多小的凸起，上面生着许多触手，所以我们才把它称为“腕足”动物。腕足动物没有肛门。

2．菊石：菊石也是软体动物，同样有一个硬壳保护着它柔软的身体。它的壳是多种多样的，有三角形、锥形的，也有旋转形的。菊石的运动器官在头部，它只能在水里慢慢地游动，动作连贯性很差。我国西藏的珠穆朗玛峰地区有数不胜数的菊石化石。

石炭纪时的陆地面积不断增加，因此在大陆上生活的生物也多了起来。我们再来看石炭纪时在大陆上生活的动物：

1．林蜥：林蜥是最早出现的爬行动物，食肉，体形较小，因此主要是吃一些昆虫和小型的爬行动物。

2．蟑螂：蟑螂是地球上最古老的昆虫之一，石炭纪时的蟑螂，与现在我们在家里发现的蟑螂并没有多大区别，可见亿万年来它并没有什么大的变化。另外告诉大家一个小秘密：一只被摘下头的蟑螂可以再活9天，9天后它死去的原因也不是没有头部，而是饥饿过度，因为没嘴吃东西。

3．蜻蜓：四个大翅膀是蜻蜓最扎眼的地方，这与现代的蜻蜓类似。但那时出现的蜻蜓有的种类个体非常大，两翅张开有70厘米那么长。蟑螂和蜻蜓都属于昆虫，它们的出现和当时温暖潮湿的气候以及大片大片茂密的森林有关系。

28 恐龙为什么会灭绝

从6500万年前到现在，世界上再也没有出现恐龙的影子，当一种动物完全消失的时候，我们就把它叫做“灭绝”。恐龙是当时地球上体形最大、数量最多的爬行动物，为什么会突然间销声匿迹呢？科学家们纷纷提出了各种各样的猜测。

有学者认为，白垩纪末期，整个地球的气候发生巨大变化，开始变得寒冷，就像动画片《冰河世纪》中描写的一样。而恐龙习惯了热带气候，在寒冷的季节里既不能像蛇和蜥蜴那样冬眠，也没有像鸟类的羽毛可以御寒，在大自然的酷寒中渐渐灭绝。

也有学者认为，是星球相撞引起的恐龙灭绝：来自外空间的巨大石头撞到了地球，使得地球环境发生变化，岩石和灰尘覆盖了植物，食草龙缺少食物而死亡，食肉龙也因此而逐渐灭绝。

还有学者认为，是天外的行星自己发生爆炸，所发出的强烈光照和辐射波使得恐龙的遗传基因发生变异而逐渐灭绝。

另外，有人认为当时突发了一场瘟疫，恐龙在这次噩运中因感染疾病而全部死亡。还有人认为是火山爆发的岩浆和毒气、灰尘等，埋没了恐龙，使它们窒息而死。甚至有人推断，当时有某种动物专门以恐龙蛋为食，后来这种动物成灾，导致了恐龙的灭绝。

但这些只是推测，关于恐龙灭绝的原因，科学家们仍在探索，希望小朋友们长大后能解开这个谜团。

无论是什么原因，
恐龙都已经灭绝，
永远不会复活了。

29 翼龙为什么能在空中飞行

翼龙生活在两亿多年前中生代三叠纪后期，到6500万年前的白垩纪末期时灭绝。翼龙长有长长的尾巴，因为能够在天空中飞翔而被称为“翼龙”。翼龙是地球上最早的能够飞行的脊椎动物。当恐龙成为地球霸主的时候，翼龙也统治着天空。

恐龙在人们的印象中是巨大而笨拙的，那么，体形巨大的翼龙是怎么在天上飞行的呢？对此，科学家们有不同的猜测：有些学者认为，翼龙并不能像鸟儿那样在天空中自由自在地飞翔，只能在它的生活环境附近进行低空滑翔，或是在水面上盘旋。它们一般先爬到高处，然后迎风张开巨大的双翼，借着空中的上升气流滑翔。

另外一些学者认为，翼龙翅膀上有非常坚硬的膜，能够像鸟儿一样扇动翅膀获得巨大的反作用力而飞起来。20世纪70年代在美国得克萨斯州发现的翼手龙化石，两翼展开有16米长，宽度相当于F-16战斗机。1984年，科学家们仿制了一具翼龙，并成功地把它送上天空飞行。最新的研究表明，翼龙大脑中处理平衡信息的神经组织十分发达，美国俄亥俄州大学的研究人员在《自然》杂志上发表报告说，运用计算机分层造影扫描技术对翼龙大脑化石进行三维图像分析得出结论，翼龙的小脑叶片质量占脑质量的7.5%，是目前已知的脊椎动物中比例最高的。此外，为了适应飞翔的需要，翼龙还具有许多鸟类的骨骼特征，比如头骨多孔、骨骼中空、胸骨发达等。科学家们由此推断翼龙不但能够在空中飞翔，还可能是飞行能手。

翼手龙是目前已知最大的翼龙，翼展可达16米。

30 异龙和异齿龙有什么不同

异龙是生活在侏罗纪晚期的食肉性爬行动物，在霸王龙出现之前，它是古生物时代体形最大的肉食恐龙之一。和霸王龙相比，异龙的前肢更加发达，每个手上都有三个长而锋利的尖爪，这些爪子长达15.2厘米。因此有些科学家认为，异龙才是史前生物中最强大的猎食动物。它的脑袋很大，所以比较聪明。它长有一张血盆大口，口中共有70颗边缘带锯齿的锋利牙齿，每颗牙都有11厘米长，非常尖锐、坚固，像一个个匕首整齐地排列在口中。异龙有长而粗壮的后肢和有力的尾巴，所以它用两条腿走路。科学家认为异龙的运动速度为每小时8千米，通过对带有恐龙足迹化石的研究，推断出其一步可以达到一辆小轿车的长度。

异齿龙并不是恐龙，又名异齿兽、长棘龙，它是生活在二叠纪的一种似哺乳动物，合弓动物的一种。它和哺乳动物更为接近，和爬行动物关系较远。异齿龙能够在气候环境异常恶劣的二叠纪存活，说明它具有很强的环境适应性。它同样是肉食动物，身长达三米。头颅骨中有两种不同形态的牙齿（切割用的牙齿与锐利的犬齿）的动物都属于异齿动物，异齿龙正是由此而得名。这种牙齿可以把食物割成小块，方便消化，而爬行动物的牙齿很难切碎食物，只是吞咽下去。不同于异龙，异齿龙是用四肢行走。背上的帆状物是异齿龙最明显的特征，这种帆状物可以用来控制体温。

一只异龙正在捕食一只阔齿龙。

31 哺乳动物的特征有哪些

哺乳动物是动物发展的高级阶段，也是与人类生活最最密切的一个动物类群。哺乳动物的体温是不变的，即恒温动物。它的体表通常生着毛发，身体一般分头、颈、躯干、四肢和尾五部分。皮肤很紧致，能够起到很好的保护作用。另外，皮肤上长着很多衍生物，如毛、角、爪、甲、蹄等。它们都是用肺呼吸的，大脑很发达，这与它们长期的进化有关。它们大部分都是胎生，并且哺乳，哺乳和胎生是哺乳动物最显著的特征。胎儿在母兽的体内发育，母兽直接产出胎儿。母兽都有乳腺，靠乳腺分泌乳汁，喂养幼兽。哺乳动物的生殖力很强，繁殖率一般也很高。

人类是最高级的哺乳动物。其他我们知道的哺乳动物还有：老虎、狮子、狼、豹、貂、老鼠、熊猫、猴子、梅花鹿、长颈鹿、貘、斑马、犀牛、羚羊、狐狸、大象、猞猁、树獭、犰狳、穿山甲、食蚁兽、猩猩、海牛、水獭、海豚、海象、鸭嘴兽、北极狐、无尾熊、北极熊、袋鼠、河马、海豹、鲸鱼、猫、狗、猪、牛、马、刺猬等。其中鸭嘴兽、针鼹、原鼹是非常奇特的哺乳动物，因为它们不是胎生，而是卵生，但仍被归为哺乳动物。它们都是生活在澳大利亚境内的。

最大的哺乳动物：蓝鲸

最大的陆生哺乳动物：非洲象

最高的哺乳动物：长颈鹿

跑得最快的哺乳动物：猎豹

最臭的哺乳动物：美洲臭鼬

32 窃蛋龙真的龙如其名吗

窃蛋龙生活在白垩纪晚期，大小如鸵鸟，嘴如钩状，没有牙齿，脑袋很大，比较聪明，坚韧的尾巴使它可以像袋鼠一样保持平衡，迅速奔跑。

1923年，俄罗斯的古生物学家德鲁斯在蒙古大戈壁上进行考察时，第一次发现了窃蛋龙化石，它的骨架正趴在一窝恐龙蛋化石上，同时旁边还有一只原角龙的化石。那窝蛋在当时被认为是原角龙的蛋，因为科学家们根据窃蛋龙的嘴部结构推测，它能够轻而易举地把蛋吃掉，所以认为窃蛋龙是这起事件的入侵者，并给它取了“窃蛋龙”这样的恶名。

1990年，中外科学家在内蒙古自治区进行联合考察时，再次幸运地发现了一具完整的窃蛋龙骨架化石。这次它不是趴着，而是卧在一窝恐龙蛋上，很像在孵蛋的样子，同时，在附近的一窝恐龙蛋中发现了一枚已经孵化出窃蛋龙胚胎骨骼的恐龙蛋。自此科学家们认为，窃蛋龙并不偷食恐龙蛋，反而有孵蛋的功能。科学家为了强烈表示窃蛋龙孵蛋这一观点，在绘制科学复原图时，在窃蛋龙身上画了许多毛。

现在我们可以推断，窃蛋龙趴在那窝恐龙蛋上，是它在灾难突然来临时的本能反应，它想用自己的身体保护那些未出世的生命。很有母爱的恐龙却被冠以稍带贬义的名称，令人深感可惜，但国际动物命名法规定，一种动物一旦命名就不再更改，所以“窃蛋龙”这个名字一直沿用至今。

窃蛋龙

33 奇虾是寒武纪最大的动物吗

奇虾的意思是古怪的虾。因为人们刚一发现这种动物化石时，看它和虾有几分相似，所以误认为这是虾。但由于它不是虾，人们又被它奇异的外表吸引，所以就把它命名为奇虾。奇虾的身体呈流线型，长可达2米，是一种扁平的、可自由游动的寒武纪动物。

奇虾的头前有一对分节的、带刺的，能够自由弯曲、快速捕捉食物的巨型前肢，头的前上方有一对带柄的巨眼；下方有一个大大的圆形口器，口器中有十几排环状排列的外齿。身体两侧各有11个宽大的、有脉胳支撑的桨状叶，背部是像虾一样的壳。美丽的大尾扇由三对片状的尾叶组成，看起来像层层叠叠的裙子，还从尾端的背部中央向后伸出一对又细又长的尾刺，也叫尾叉。这样子够奇怪的吧？奇虾的腹下还有粗壮的腿，所以它能在海底自由地行走。奇虾的这些奇特的身体结构，使它善于游泳，并且速度很快。它的巨口决定了它能捕食当时的任何大型生物。它长有牙齿，说明它也能咬开那些有硬壳保护的海生动物。我们经常能从当时三叶虫的化石上找到各种大小不一的咬痕，大概这就是三叶虫在躲避奇虾的过程中不小心被咬伤的吧。科学家发现的奇虾粪便化石长10厘米、宽5厘米，从这也能推测出，奇虾的身体是多么长了。

奇虾化石

它有那么大的嘴、那么长的身体、那么有力的前肢，而当时海洋中的大多数动物都是很小的，包括三叶虫在内，所以它能吃掉当时最大的活物。它是海洋的统治者，是现在为止、人们发现的寒武纪最大的动物。

34 无脊椎动物和脊椎动物有什么不同

法国生物学家、进化论的奠基人之一拉马克，是第一个系统研究无脊椎动物的科学家，也第一个将动物分为脊椎动物和无脊椎动物两大类。区分两种动物最基本的标准是动物身体的背面是否有一条脊柱，有脊柱的动物则为脊椎动物，没有脊柱的动物则为无脊椎动物。在科学界，我们还可以通过以下几方面区分。

种类	无脊椎动物	脊椎动物
神经系统	呈索状，位于消化管的腹面	管状，位于消化管的背面
心　　脏	位于消化管的背面	位于消化管的腹面
骨　　骼	无骨骼或仅有外骨骼，无真正的内骨骼和脊椎骨	有内骨骼和脊椎骨
体　　积	多数体积小	体积较大
出现时间	无脊椎动物的出现至少早于脊椎动物1亿年，古生代寒武纪的三叶虫是最早出现的无脊椎动物	

拉马克(1744—1829)，法国博物学家，生物学的奠基人之一，生物学一词就是他提出的。他早在达尔文诞生之前就在其著作《动物学哲学》里提出了生物进化的学说，为后来达尔文进化论的产生提供了一定的理论基础。

35 偶蹄类动物的发展过程是怎样的

偶蹄类动物是哺乳动物中的一个目，由古新世的踝节目类动物进化而来，从始新世时开始分化，到中新世和上新世时，进化过程加快，进入繁盛时期。偶蹄类动物大约有220种，其中包括很多对人类生活十分重要的动物，如猪、牛等。偶蹄类动物是史前生物中唯一在现代仍然繁盛的有蹄类动物。和奇蹄类动物不同，偶蹄类动物的蹄子多为双数，第三、四脚趾发育完全，能够共同支撑体重。

偶蹄类动物最早出现在始新世时期，直到第三纪以后才在有蹄类动物中占有优势地位。我们今天发现的偶蹄类动物化石种类很多，科学家们将其分为猪形目、胼足目、反刍目三个小类。

早期的偶蹄动物和现在的鼷鹿类动物很相似，腿短而小巧，以植物叶子为食。在奇蹄目类动物繁盛的始新世晚期，偶蹄动物只能在生态的边缘勉强维生，正是生存环境的艰苦，使得它们的消化系统开始了复杂进化，逐渐能够以低级食料为生。

在中新世的时候，地球气候变得干燥而少雨，草原取代了雨林，逐渐占据全球。草本身是一种很难被消化的食物，这时偶蹄类因生存艰苦而进化的胃，正好能够有效利用这种粗糙、低营养的食物。随着草原在全球的蔓延，偶蹄动物也逐渐取代奇蹄动物的生态地位，成为食草动物的主力。

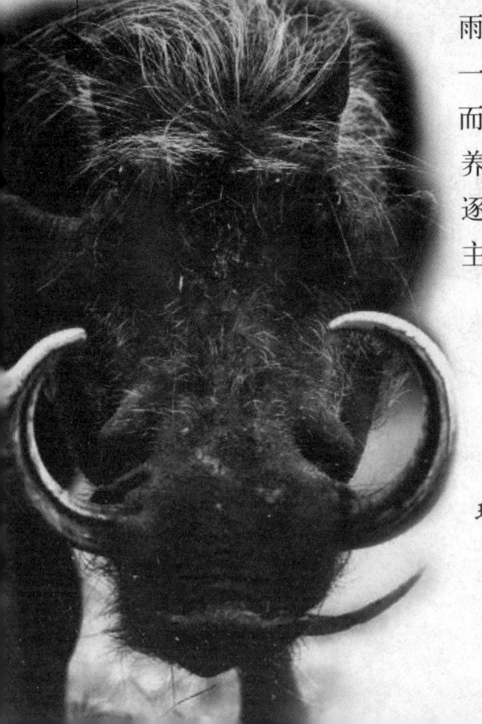

现代野猪是古代偶蹄动物的后代。

36 猛犸象有着怎样的演变过程

新生代的时候，就已经出现长鼻类的动物了，其中就有象类。始新世时期，始祖象开始发展，始祖象和猪一样大小，没有长鼻子和长牙，身体很笨拙，喜欢在沼泽地里打滚。后来渐渐出现了乳齿象、铲齿象、恐象，到了中新世时，象类的种类已经特别多了，但遗憾的是都因为各种原因灭绝了。到了第四纪时期，又出现了象的新种类：剑齿象、古菱齿象和猛犸象等。

猛犸象出现在更新世时期，猛犸是“地下居住者”的意思，它曾经是世界上最大的象。身体高大、健壮，头特别大，有粗壮的腿，脚生四趾，是偶蹄类动物。它长着一对弯曲的大门牙，以草和灌木叶为生。它身上披着黑色或棕褐色的长毛，皮特别厚实，皮下是厚厚的脂肪。这些可以让它在冰天雪地里过得很舒适，因为它是生活在北方气候严寒地区的，不像现代的象生活在热带或亚热带。猛犸是怎样灭亡的呢？科学家认为，猛犸的繁殖速度非常慢，冰期结束之后，气候变暖，猛犸象忍受不了天气变暖，便不得不向北方迁移，活动的地方小了，草原上的植物也少了，猛犸找不到足够的食物，就饿死了。猛犸也是原始人类重要的捕获对象，今天在许多洞穴的遗址上，还能看到早期人类画的猛犸象。由于种种原因，可爱的猛犸象离我们远去了。

37 侏罗纪名称是怎样来的

你可能看过美国大片《侏罗纪公园》，可能知道侏罗纪是恐龙的天下，通过电影、歌曲、科普读物等媒介知道了不少地质年代的名称，可你知道这些名称的由来吗？

“侏罗”是一座山的名字，这座山位于瑞士和法国交界处，又译做汝拉山。侏罗纪这个名字是由法国古生物学家A.布朗尼亚尔在1829年首次提出的。布朗尼亚尔在进行地质考察时发现这里有明显的地层特征，这些岩石系生成于距今2亿年前～1.3亿年前，因此，他把这阶段的地质年代以此山命名。此后又有人把侏罗纪分为早、中、晚三个世，在这三个世，黑色泥灰岩、棕色含铁灰岩、白色泥灰岩分别形成，构成了欧洲侏罗系岩层。

地质年代名称的由来具有一定的偶然性，因为地球上很多地方的岩层都能显示出所形成的地质年代。1820年英国人史密斯在英国南部研究的菊石也形成于这个时期，如果他首先命名的话，可能这个地质年代就不叫侏罗纪了。

38 哪些动物是早期无脊椎动物的代表

地球上无脊椎动物的出现至少早于脊椎动物1亿年。大多数无脊椎动物化石见于古生代寒武纪。通过对已发现化石的分析，当时已有如三叶虫、腕足动物等节肢动物存在。到古生代末期，许多古老类型的生物大规模绝灭，而从目前的研究来看，以菊石为代表的软体动物的古老类型在中生代还存在，到中生代末期逐渐绝灭，现代类型的软体动物才大量出现，新生代时期这些软体动物进化为类型众多的无脊椎动物。可见，菊石是无脊椎动物过渡的重要物种，是早期无脊椎动物的代表。

菊石化石均产于浅海沉积的地层中，并与许多海生生物化石共生。菊石的体外有一个硬壳，大小差别大，形状多样。通过研究，推测菊石是由鹦鹉螺（现在仍然存活在深海中）演化而来的海生软体动物，最早出现在古生代泥盆纪初期。菊石栖居在热带至温带有一定深度的海域，广泛分布于世界各地的三叠纪海洋中。在中国古生代和中生代地层中所含的各种菊石化石，是菊石研究的重要来源。

菊石化石

39 哪些动物是最早出现的脊椎动物

考古发现，早在距今4.5亿年前的奥陶纪就有一些脊椎动物的痕迹。到了后来的志留纪，开始有比较完好的脊椎动物的化石。一直以来人们认为，最早的脊椎动物是鱼类，因为早期的脊椎动物身体呈鱼形。后来有一些生物科学家和考古科学家进一步研究发现，这些早期的脊椎动物跟鱼类有一定的差别，根据它们的一些特征把这些早期的无脊椎动物叫做无颌类。无颌类是迄今为止最原始的水生鱼形脊椎动物，没有上、下颌，身体仅有一个漏斗式的开口。无颌类用鳃呼吸并以鳍作为运动器官，不会主动捕食，种类繁多、形态各异，一个共同特征是披有骨质的甲片。无颌类的现生代表盲鳗和七鳃鳗却无甲胄。

史前时期的无颌类主要分为骨甲鱼类、缺甲鱼类、盔甲鱼类、异甲鱼类、花鳞鱼类。骨甲鱼类是化石无颌类中最好了解的种类，它们的头区包裹在形同拖鞋的头甲中，与七鳃鳗存在很多相似之处，主要分布于欧洲、北美及北极地区，从志留纪晚期延续到泥盆纪晚期。缺甲鱼类是体形小的头甲鱼形类，体长不超过15厘米。体呈长纺锤形而侧扁，主要分布于欧洲和北美的志留纪晚期到泥盆纪早期的地层中，在中国四川东南志留纪晚期地层中也有存在。头区背面覆盖有一块背甲的无颌类叫做盔甲鱼类，在我国南部、西北地区和越南发现了少量此类的化石。异甲鱼类的头区包裹在甲胄中，生存于奥陶纪，分布于欧洲、北美、两极地区及西伯利亚。花鳞鱼类则属于体形小的鳍甲鱼形类，目前已有的发现主要分布在中国泥盆纪地层中。

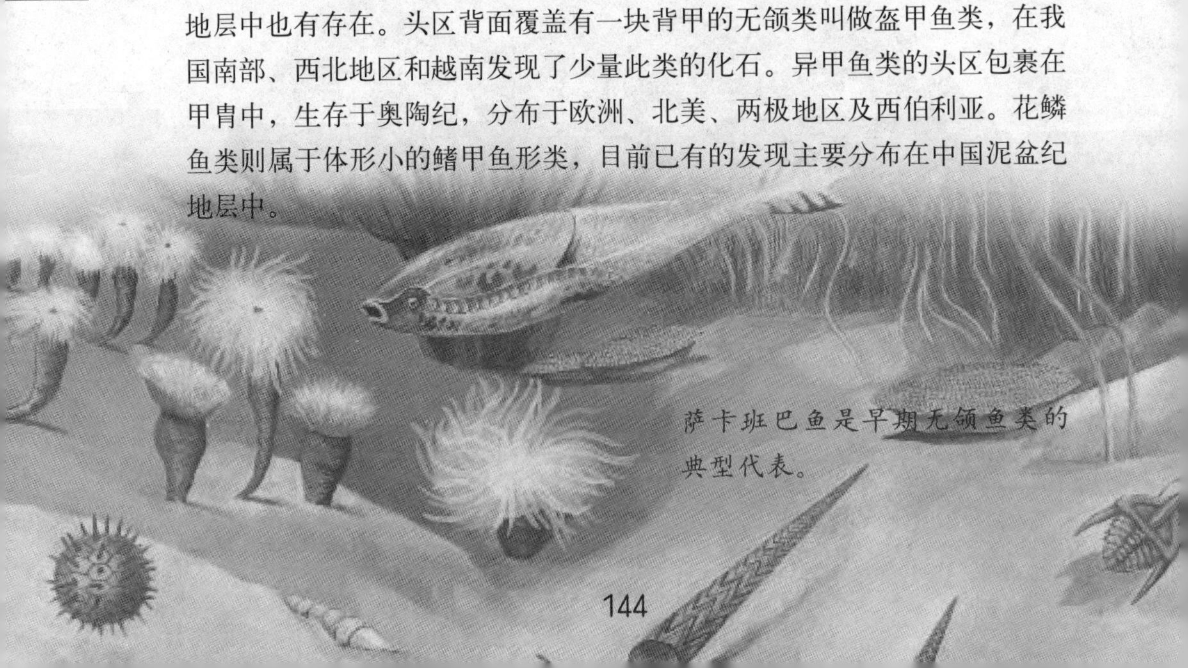

萨卡班巴鱼是早期无颌鱼类的典型代表。

40 引鳄也是一种恐龙吗

鳄鱼在恐龙出现以前就生活在地球上，在恐龙灭绝之后，它们依然活到今天。生活在1.4亿年以前的古鳄类，看起来很像恐龙，但它们只是像恐龙的槽齿类爬行动物而已，常常潜伏在沼泽地里，以捕食鱼类生活。引鳄是古鳄类的典型代表，它是一种个头很大、体长约4.5米、有些笨拙的动物。它的四肢短而有力，脑袋很大。它是三叠纪早期陆地上最大的食肉动物之一，以其他爬行动物为食。捕猎时，它用强有力的上下颌咬住猎物，再用锋利牙齿把猎物撕碎。三叠纪以后，鳄类家族为了适应环境，不断进化出新的品种。侏罗纪时海平面上升，陆地面积缩小，许多种鳄类就开始从沼泽走向大海，适应海里的生活。它们强大的进化能力使它们的种族延续至今。

引鳄

41 被称为最后一位猎食者的是哪种恐龙

霸王龙是史前的最后一位猎食者，它生活在白垩纪末期，距今6850万年—6550万年。霸王龙身长约13米，体重约7吨，是有记录以来，生活在地球上最大型的食肉类恐龙之一。它英文名字的原意是“残暴的蜥蜴王”，正如它的名字，它的身体结构决定它在那个时代所向披靡、战无不胜，它的猎食对象很少能逃脱。尽管如此，霸王龙也没能从6500万年前的那场大灾难中幸免，恐龙家族的最后一支从这个世界上消失了。

霸王龙身高达6米，像两层楼房一样高，它的后肢发达，尾巴坚硬有力，这使它能够平衡地站立和奔跑。它的头部约有1.5米长，是很聪明的恐龙，视力和嗅觉都很好，牙齿也很发达，共有60个锯齿状边缘的利牙，这些锋利的牙齿约15厘米长，最长达18厘米。它的上下颌十分硕大，张开后差不多能把整个人塞进去。奇怪的是霸王龙前肢非常短小，和人手臂差不多，所以有些科学家认为霸王龙无法捕食，只能吃死尸，这样的推测似乎并不可靠。它硕大的上下颌、发达的颊部肌肉、锋利的牙齿就足够使它能迅速地擒住猎物。

霸王龙两足行走，最新的研究认为霸王龙奔跑起来时速可达40千米以上。我们能够想象得出，在北美洲大陆上，它是多么潇洒！

1902年，美国一位恐龙化石采集家巴纳姆·布朗在美国蒙大拿州的黑尔溪发现了一具巨型的肉食性动物骨骼，这就是霸王龙的化石。

霸王龙正在咬噬一只鸭嘴龙。

42 有蹄动物的特征有哪些

有蹄动物即长有蹄子的动物，这些动物通常是吃草的，它们遇到危险时通常是快速地逃跑。它们最显著的特征是：有适合咀嚼和研磨植物的牙齿，有适合在硬地上奔跑的四肢和脚，并且很多头上长角，作为保护自己的武器。有蹄动物最早出现在古新世，安氏中兽、原蹄兽都是有蹄动物。古新世时期的全棱兽是最早的有蹄类之一，它像现代的绵羊一样大小，四肢比较笨重，脚很短，脚上有五趾，趾的末端有小的蹄。早始新世时的冠齿兽也是有蹄动物，外貌和现代的貘差不多，和全棱兽一样有一副笨重的骨架，有强壮的四肢，脚很宽阔，这使它能够支撑住自己笨重的身体，但也决定了它不能跑得很快。它还长着锐利的剑状牙齿，露在嘴外面。

拥有坚硬的蹄子是马能够快速奔跑的重要条件之一。

43 巨犀的特征有哪些

渐新世时期，世界刚刚经历了灾难性的气候变迁，这种变迁导致了大量物种的灭绝。这时地球虽然已经开始复苏,但景象还是大大不如从前。环境不同了，植物不同了，生活在其中的动物们也不同了。巨犀就生活在气候变化之后的渐新世时期。它是哺乳动物，属奇蹄目，是一种已经灭绝的犀牛。它的头上没有角，脖子和四肢都特别长，四肢呈柱子状，站起来的时候，肩部可高达5米，是到现在为止我们知道的最大的陆生哺乳动物。它光头骨就长1米，但这与它庞大的身体比起来，根本不算什么，反倒显得头部有点儿小了，看起来很可笑。它的牙齿结构特别简单，因为它主要是以高处树枝上的嫩叶为食物的。不幸的是，这么壮大的动物已经灭亡了。现在世界上保存最完整的巨犀化石，当然也是中国最大的巨犀化石，是1994年在新疆吐鲁番发现的。

现在的犀牛已经和远古时代的大大不同了。现在的犀牛是世界一级保护动物，也是第二大陆生动物，个头仅次于大象。犀牛有非常粗笨的身体，全身披着铠甲似的厚厚的皮，又短又粗，有着像柱子一样的四肢。它们的头很大，可是眼睛非常小，角长在鼻子上。它们的个头这样大，又长得这样丑陋，但是它们非常非常胆小，大部分时间都乖乖地吃草，不会主动伤害人，也不伤害其他小动物。它们特别喜欢睡觉，爱群居，小牛犊十分依恋母亲。

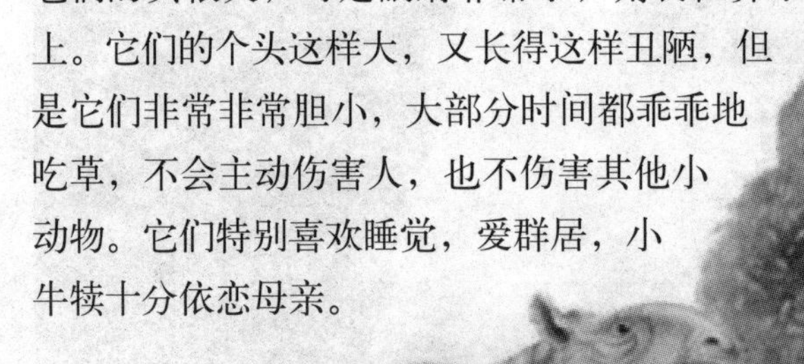

正在吃树叶的巨犀

44 生命起源于何处

地球上的生命产生于何地？据科学推算，地球诞生到现在，已经有大约46亿年的历史了。早期的地球是一个炽热的球体，地球上的所有元素都为气体状态。这种原始大气中的成分在宇宙射线、紫外线和闪电等的作用下，从无机物向简单的小分子有机物转化。这些最初形成的小分子有机物经雨水的作用汇集到原始海洋里，天长日久，经过不断积累和相互作用，形成了以原始蛋白质、核酸为主要成分的高分子有机物。

这些高分子有机物又在原始海洋中经过漫长的积累、浓缩、汇合而形成一个具有一定形状的多分子系统，这个系统与海水间自然形成一层最原始的界膜，使它与周围的海洋环境隔开。这种独立的多分子体系能够从原始海洋中吸收物质来扩充自己，同时又能把形成的“废物”排出去，即是原始生命的萌芽。

大量的多分子体系漂浮在原始海洋中，又经历了更加漫长的时间，不断演变，特别是由于蛋白质和核酸这两大主要成分的相互作用，其中一些多分子体系的结构和功能不断发展、完善，最终形成了具有原始新陈代谢作用并能繁殖的原始生命。

可见，地球上最初产生的有机物汇集到原始海洋里，在这里形成有机高分子，有机高分子又在这里组合成多分子体系，多分子体系又在这里进化成原始生命；同时，海水也阻挡了强烈的紫外线对原始生命的伤害。所以可以这样说，原始海洋是生命的摇篮。

一般认为生命最初诞生在海洋里，所以海洋是名副其实的生命摇篮。

45 古生代的生物有哪些

寒武纪：寒武纪的生物形态十分奇特，和我们今天所见的生物形状十分不同。寒武纪最主要的生物是三叶虫，其次还有很多腕足动物、古杯动物、棘皮动物和腹足动物。

奥陶纪：奥陶纪的生物和寒武纪比起来种类更多。三叶虫的数量在慢慢减少，这时期出现了一种奇特的动物——笔石。笔石过群体生活，整个笔石群体漂浮在海面上，吃浮游生物。腕足动物在这一时期演化特别快。鹦鹉螺进入了繁盛时期，它们身体巨大，是当时海洋中十分凶猛的肉食动物。为了防御鹦鹉螺的进攻，三叶虫的身上长出了许多针刺。这时也出现了最早的鱼类：无颌鱼。

志留纪：三叶虫继续衰退，鹦鹉螺也开始减少，腕足动物倒是相当多，达于鼎盛，如五房贝目、石燕贝目、小嘴贝目等。海百合在这一时期大量出现。有颌的盾皮鱼类和棘鱼类也出现了。

泥盆纪：鹦鹉螺的数量大大减少，珊瑚、腕足类和层孔虫继续繁盛，出现了原始的菊石和昆虫。鱼类更是空前发展，各种鱼类都出现了，如甲胄鱼、盾皮鱼、总鳍鱼等。原始的两栖类在这一时期也出现了。

二叠纪：三叶虫、海百合等全部灭绝了，腕足动物、菊石、棘皮动物也大大减少，鱼和两栖动物的数量倒是进一步增多，旋齿鲨和异齿鲨为这一时期的鱼类，蝾螈是这一时期两栖类的代表。爬行动物的成长也是非常快的，有中龙、雷塞兽、异齿龙、楔齿龙、基龙、蛇齿龙和罗伯特兽等。

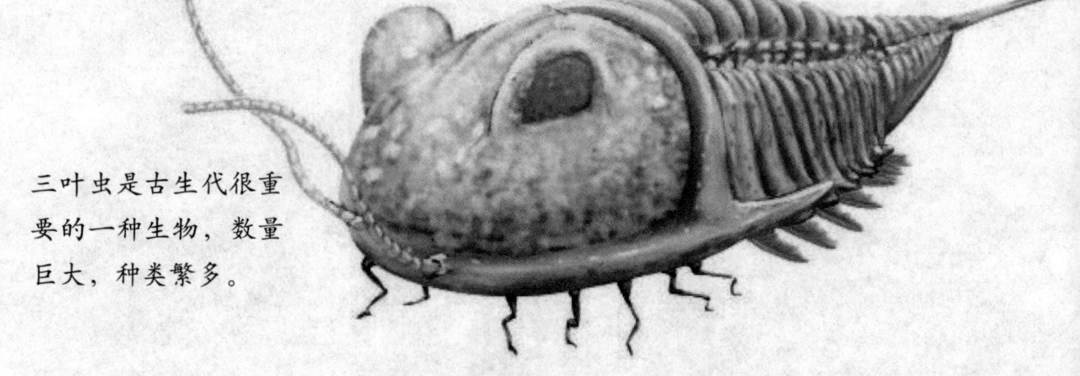

三叶虫是古生代很重要的一种生物，数量巨大，种类繁多。

46 恐龙长着怎样的皮肤

在动画片里很容易看到恐龙的皮肤，而在考古发现时，科学家只能通过一些能显示皮肤组织的化石来推断恐龙的皮肤。这种带皮肤组织的化石需要特殊的条件才能存在——恐龙死后在干燥通风的环境下才能有这种化石，所以恐龙皮肤的化石十分珍贵。到现在为止，人们发现恐龙的皮肤相当坚硬，皮肤表面覆盖一层鳞片，跟现在的很多爬行动物一样。动画片里的恐龙皮肤就是仿照现在爬行动物的皮肤制造的。

恐龙的种类很多，各种恐龙的皮肤也有很大的差别。数百万年中，恐龙为了适应不同的环境，身体各个部分进化也不同，皮肤的变化也就不同。白垩纪时代的埃德蒙顿龙长有硬而多褶皱的皮肤并且生有骨鳞，而鸟脚亚目恐龙在厚厚的褶皱皮肤外长着不同大小的骨疙瘩。一些兽脚亚目龙，比如中华龙鸟，就有羽毛状的皮肤以及控制热量。据此，我们可以推断当时地球的温度很高并且变化很大。

中生代光照足，高温潮湿。成年恐龙厚厚的皮肤不怕晒伤，但是幼年的恐龙皮肤呢？在阿根廷一个大型鳄鱼栖息地巴塔哥尼亚的荒地里，科学家发现了恐龙蛋，他们认为这个蛋是无法龙所生。成年无法龙有骨质鳞，而发现的幼年恐龙的皮肤化石没有长鳞的迹象。可以推测恐龙刚出生下来跟小鳄鱼一样没有鳞，随着生长才逐渐长出带鳞的、坚硬的皮肤。

开角龙

47 鹦鹉嘴龙是怎样的动物

鹦鹉嘴龙的化石

鹦鹉嘴龙生活在白垩纪早期的亚洲，它嘴巴的前端像鹦鹉的喙一样呈钩状，因此而得名。鹦鹉嘴龙是食草性动物，拥有锐利的牙齿，可用来切割坚硬的植物。但它没有适合咀嚼植物的牙齿，靠吞食坚硬的小石头来协助磨碎消化系统中的食物，这种消化方式和现代鸟类很相似。

鹦鹉嘴它又被戏称为恐龙家族的“侏儒”，因为它的体形娇小，身体长约1米，两足行走。

恐龙家族的大多数成员都有庞大的身躯，有的长达二三十米。只有1米长的鹦鹉嘴龙在它们面前显然是名副其实的侏儒。

鹦鹉嘴龙因是恐龙家族中拥有种类最多的恐龙而著名，目前已有10个种被确认，多发现于中国、蒙古和俄罗斯。我国在内蒙古地区的几次重要发现说明，蒙古高原是鹦鹉嘴龙繁衍的中心。

48 留存到现在的中生代爬行动物有哪些

绝大多数的中生代爬行动物都未能逃过6500万年前的那场大劫难，包括称霸中生代的恐龙。但也有少数的爬行动物逃过了那一劫，并一直繁衍至今，它们是鳄类、有鳞类（蜥蜴类和蛇类）以及喙头蜥类。这可能与它们超强的适应能力有关。

在今天的地球上，蜥蜴类和蛇类仍很繁盛，它们是数量和种类都最多的现代爬行动物，大约有3800种蜥蜴和3000种蛇，其物种分布具有世界性。

现代爬行动物界，资格最老的当属喙头蜥，它是蜥蜴的近亲，体长60厘米，模样有点儿像蜥蜴。三叠纪早期它们的祖先就已活跃在地球上了。2亿年来，它们的样子没有大的变化。目前它们生活在新西兰南部荒僻的半岛上，数量很少，有“活化石”之称，所以正处在人类的严密保护之下。

三叠纪中晚期出现的龟鳖类爬行动物，它们的资格也相当老。近2亿年来，它们的身体结构变化不大，始终背着厚厚的壳，有这身盔甲佑护，它们一直活得不错。

在现在存活的物种里面，鳄类和恐龙的亲缘关系最近。它们与恐龙同时出现，在那个恐龙统治世界的时代，无论从数量还是种类上来说，鳄类都处于弱势地位，但鳄类中的强者却是唯一能与恐龙匹敌的动物。中生代晚期，气候环境逐渐恶劣，恐龙家族一支支地灭种，鳄鱼却相安无事地活到了今天。但是目前，它们正惨遭人类的滥捕滥杀，前途岌岌可危。

鳄鱼是为数不多的从白垩纪那场生物大劫难中幸存下来的爬行动物之一。

49 与恐龙共存的动物有哪些

一个健康、良性的生态系统，它的生物应该是多样性的。恐龙是中生代动物界的霸主，但那个时代的动物界并非只有恐龙。

恐龙出现于晚三叠纪，在此之前，槽齿类爬行动物就开始在生物界活跃，并称霸一时，它们主要是鳄类。龟鳖等脊椎动物和双壳类软体动物也相安无事地生活在这个世界上。此外还有似哺乳类爬行动物，它们四肢向腹面移动，更适于陆地行走，可它们生不逢时，在接下来一亿多年的漫长岁月里，一直生活在恐龙等爬行动物的阴影之下，直到新生代才有出头之日。海生爬行类和恐龙几乎同时出现，它们适应水中生活，身体呈流线型，四肢也变成桨形的鳍，我们熟悉的蛇颈龙就是其中的典型。

在恐龙极盛的侏罗纪，翼龙类和鸟类出现，始祖鸟就生活在那个时代。哺乳动物也开始发展。淡水无脊椎动物的双壳类、腹足类、叶肢介、介形虫及昆虫迅速发展。棘皮动物开始在海洋无脊椎动物中占据重要地位。鱼龙、蛇颈龙越来越成为海洋环境中不可忽视的成员。软骨硬鳞鱼类开始被全骨鱼代替。

在恐龙仍占优势地位的白垩纪，鸟类不断进化，飞行能力和树栖能力比始祖鸟大有进步。我国古生物学家发现的著名的“孔子鸟”就是早白垩纪鸟类的重要代表。蚂蚁、白蚁、蝴蝶、蛾等昆虫开始出现，它们大大提高了被子植物的繁衍能力和速度。此时的海洋里可以常见到鳐鱼、鲨鱼。

乌龟的历史也很古老，是与恐龙同时代的动物之一。

50 雷兽的生活环境是怎样的

雷兽生活在第三纪的始新世和渐新世时期。始新世时期，陆地上以大片的森林为主，另外特别引人注目的是，地球上还生存着一大群不飞的食肉鸟，海洋中则生活着巨大的有孔虫。一些哺乳动物开始重新返回海洋生活，慢慢发展为鲸类。这时候突然爆发了一次很严重的全球变暖，导致了很多物种的灭亡，有孔虫就在这次事件中灭绝了，因为它无法忍受海水的高温。始新世向渐新世过渡时期，气候有变冷变干燥的趋势，尽管和现在比起来，那时候的温度要温和得多。那时候有的地方，地表已经被草原覆盖。大型哺乳动物和鸟类在地球上的分布仍然很广泛。

雷兽的样子长得有点像现在的犀牛

雷兽是生活在始新世时期的动物，渐新世时期它们还存活着。它属于奇蹄目中的大型食草类哺乳动物，群居。它的身体很壮大，头骨很原始。它们的牙齿很适合撕开植物。它们头上长有一对巨大而相连的鼻角，形状像槌，可攻击敌人，也可以两只雷兽的角互相撞击，吸引雌性。雷兽的尾巴很细、很短，看起来与它巨大的身体很不协调。它有适于奔跑的细长的四肢，它的脚也是细长的，前脚长着四趾，后脚长着三趾，看起来很轻巧。雷兽存活的时间并不长，渐新世的时候就完全消失了。这可能与当时干旱的气候和越来越粗糙的植物有关。

51 槽齿动物指的是什么

在三叠纪，陆地上、海洋中，甚至天上都有多种爬行动物，其中有一些像鳄鱼模样的动物，长着尾巴和强有力的后肢，科学家称它们为槽齿动物。学者认为，槽齿动物最先出现于早三叠纪，在三叠纪以后灭绝。美国哥伦比亚大学的科学家称三叠纪真正的霸主是槽齿类爬行动物，主要包括翼龙类和鳄类。当两栖动物和一些像哺乳动物的爬行动物都消失时，槽齿动物开始大量繁衍，变得数量众多。随着周围环境的变化，它们进化成多种形态，并形成多种生活方式来适应这些变化。槽齿动物主要沿着三个方向发展，一类发展为鳄类，一类发展为飞行爬行类动物，最后又演化为鸟类。另一类槽齿动物则开始用它们强壮的后肢走路，在背后长出长长的尾巴，以保持身体平衡，这些动物就变成了新的物种——恐龙。

楯齿龙，三叠纪槽齿类的一种

可惜的是，槽齿动物没能在两次物种大灭绝中存活下来，最终将“天下”让给了生命力更为顽强的恐龙。这证明了“适者生存”的道理，不断进化的物种才能存活。有一些科学家认为，恐龙以及鸟类均起源于槽齿类的爬行动物，由槽齿动物进化而来。

52 有颌鱼类有什么样的特征

颌在生物学上是指构成口腔上下部的骨头和肌肉组织。颌部的骨头分别叫做上颌骨和下颌骨，颌的出现对于脊椎动物的进化史而言，具有十分重要的意义，使得陆生脊椎动物能够主动有效地捕食。在海洋中，脊椎动物也经历了这样的进化过程。

棘鱼类是已知最早的有颌类脊椎动物，出现在距今约4.3亿年前的志留纪早期，可以说它们是从无颌类向有颌类进化的最早的尝试者。棘鱼类因为身体背、胸、腹等部分的鳍前端长有粗硬的棘，因而被称为“棘鱼”。棘鱼的颌比较原始，由一个扩大的上颌骨和发育比较完善的下颌组成，下颌有牙，但上颌无牙。棘鱼类的生命历程大约有1.7亿年，出现于志留纪早期，灭绝于二叠纪早期。

在距今约4亿年的泥盆纪早期，出现了盾皮鱼类，这是由原始无颌类分化产生的第二类古老的有颌脊椎动物。盾皮鱼类的头部和躯干前部覆盖着骨质甲片，而且头部甲片和躯干甲片之间有关节铰链。由于这些骨甲十分沉重，所以盾皮鱼不善于游泳，而是栖息在海底。盾皮鱼类多数消失于泥盆纪晚期，只有少数几种存活到石炭纪早期。盾皮鱼类的地质历程虽然短暂，但它的数量大、种类多，因此在泥盆纪的鱼类中占有优势地位。

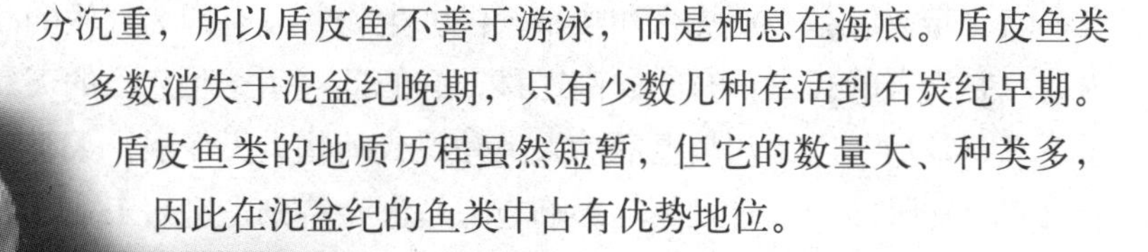

到泥盆纪末期，原始有颌类基本上灭绝，由棘鱼类中分化出的原始硬骨鱼类和由盾皮鱼类中分化出的软骨鱼类取代了有颌鱼类的地位。

53 新生代有着怎样的自然环境

新生代刚刚开始的时候，地球上的海洋和陆地的分布比现代大，之后，地表的各个板块开始此升彼降，不断分裂、漂移、结合，逐渐形成了今天的海陆分布。第三纪末的时候，我国的基本地貌轮廓已经形成了。那时候的气候比起现在是特别温暖、湿润的，而且缺少变化。热带和亚热带气候所占面积非常广。新生代是哺乳动物、鸟类、真骨鱼和昆虫一起统治着地球。那时候地面上的植物以森林为主，地球上生活着一类巨大的食肉鸟——不飞鸟。海洋中则有很多巨大的有孔虫。地球上也生活着很多哺乳动物，但它们大部分已经灭绝了，如雷兽、古兽、跑犀和两栖犀等。这时候出现了很多现存哺乳动物的祖先，如始祖马、始祖象等。后来，海洋中的大型有孔虫灭绝了，珊瑚又大大生长起来，形成了很多珊瑚礁。陆地上则开始出现大草原。所以，以食草为主的一些动物开始繁盛，大地的面貌变得和现在更加接近。森林中还出现了各种古猿。再后来，地球上发生了大规模的冰期，气候变冷。但是冰期是和间冰期交替进行的，慢慢形成了现在的寒带、温带、亚热带和热带气候。生物并没有因为气候的改变完全灭亡。它们有的死去，有的向南迁移，有的适应了这种寒冷的天气，存活了下来。最后一次冰川消退后，人类和现代动物大大发展，人类进入了农业文明，这时候，人对自然的影响越来越大，特别是进入工业文明后，人们更是直接改变了地球的面貌。

不飞鸟正在追逐一只小型哺乳动物。

54 哪种动物是泥盆纪海洋最大的掠食动物

邓氏鱼是泥盆纪时期的一种盾皮鱼类。泥盆纪被称为“鱼类时代”，所以邓氏鱼是生活在“鱼类时代”的一种大鱼。那时候，海洋中生活着各种各样的鱼，它们是这个星球的主宰。而且，地球上最早的鲨鱼也已经出现了。

邓氏鱼长得十分凶猛，和现代的鲨鱼相似，体长能达10米。它的身体是流线型的，头部长着一层又厚又硬的骨骼甲片。它虽然是肉食动物，可是没有牙齿。那它用什么吃东西呢？原来，在它嘴里有两排长长的、像刀片一样的骨刃，这两排骨刃是很锋利的，像刀刃一样。这样，它就可以咬断任何东西了。它甚至吃当时的大型动物——鲨鱼。这样锋利的骨刃，使它一口就能把鲨鱼咬成两半。拿现代的大白鲨来说，它的咬合力也只相当于邓氏鱼的一半。除了古代鲨鱼外，邓氏鱼当然也吃一些小的动物，如鹦鹉螺、菊石和一些小的鱼类等。

由于邓氏鱼对食物不太讲究，什么都吃，所以它成为当时最凶猛的食肉动物。又因为没有牙齿细细咀嚼，所以它也常常消化不良。现在发现的邓氏鱼化石，常常和被它吐出来的，或者半消化的鱼，或者其他一些动物的硬壳混在一起。尽管邓氏鱼在“鱼类时代”称雄一时，但它也最终灭绝了。这是因为它长得太大太笨重了，属于海洋中的“老爷车”一族，所以运动起来，动作比较慢，也没有灵活性，空有一身力气，没处施展，所以最后被别的动物淘汰了。

邓氏鱼是泥盆纪海洋中最大的掠食动物，堪称海洋巨无霸。

55 哪种动物是二叠纪里的群居动物

二叠纪是古生代的最后一个纪，也是生物界的一个重要演化时期。脊椎动物在二叠纪发展到了一个新阶段。脊椎动物包括鱼类、两栖类和爬行类。

这一时期的爬行类发展速度很快，可以大致分成三种：杯龙类、盘龙类和兽孔类。雷塞兽属于兽孔类动物，同时它也是群居动物。雷塞兽的意思是“有着狼的面孔”，它和现在的狼一样，食肉，有着长长的头颅骨，嘴的上下两边各有一对犬齿，一共四枚。这四枚犬齿又长又尖，能够帮助它们咬住捕获的猎物并撕裂饱餐一顿。它的腿很长，体重很轻，这让它奔跑起来速度很快，更容易猎到食物。它捕食其他的杯龙类和盘龙类动物，主要有异齿龙、楔齿龙、基龙、蛇齿龙和罗伯特兽等，其中基龙和罗伯特兽是靠吃草维持生命的。剩下的异齿龙、楔齿龙和蛇齿龙则和雷塞兽一样，是靠捕食其他动物来生活的。

雷塞兽

雷塞兽群居，一块生活，一同猎食，这让它们在当时的环境下更容易生存下来。雷塞兽的长腿和狼一样，是贴近身体、支撑着身体的，而这一时期的异齿龙、楔齿龙、基龙、蛇齿龙和罗伯特兽等，腿都是长在身体两侧的，走动的时候像在爬，比较缓慢。所以雷塞兽奔跑起来，比它们要快得多。也因为这一点，雷塞兽更接近比较高级的哺乳动物。

56 白垩纪名称是怎样来的

人们按照生物的发展情况把地球的年龄分为：隐生宙——很难看到生物；显生宙——可以看到一些生命的时代。显生宙又分为：古生代、中生代、新生代。白垩纪是中生代的最后一个纪，是显生宙的最长一个阶段，约7000万年。

白垩纪这一名称由法国地质学家达洛瓦在1822年首次使用，因为这一时期形成的地层中富含丰富的“白垩”，白垩纪这一时期形成的地层叫“白垩系”。“白垩”在拉丁文中意为“黏土”，是石灰岩的一种，主要由方解石组成，颗粒均匀细小，用手可以搓碎。海底火山附近的海水流动，使白垩纪的海洋含钙丰富，从而导致钙质微型浮游生物的数量大幅增多，这些生物的甲壳含有大量碳酸钙，沉积后形成了这一时期的黏土层地质特征。在欧洲大陆、英吉利海峡、不列颠群岛等地方都可以发现这种白垩黏土层，多佛白色峭壁是这种岩层的典型代表。

和侏罗纪的命名一样，白垩纪的由来同样具有偶然性。研究者发现，地球上很多地区这一时期的地层并不都是白色的，像我国西南地区就多为紫红色的黏土层。

白垩纪恐龙非常兴盛，产生了许多新的种类。

57 恐龙的食物都有哪些

恐龙可以分为食草恐龙和食肉恐龙，其中食草性的占多数。

我们无法准确地判断各种恐龙都吃些什么、最爱吃什么，但通过对恐龙的胃部化石进行分析，科学家们可以判断出这些恐龙最后吃的是什么，不过并不能保证这些就是它们常吃的，并且这种化石非常稀少。现在，科学家一方面依据恐龙的身体结构和牙齿结构来判断它们吃什么食物，另一方面依据恐龙的生存时期和该时期的主要植被来推断。科学家通过研究食植动物牙齿上的细小区别，可以判断出哪些恐龙是食草的，哪些恐龙是吃树叶的。科学家通过把食肉恐龙的牙齿形态和猎物骨头上留下的牙印进行对比来推断它们的食物是什么。

梁龙非常庞大，身长可达27米，其中颈部长6米，它的牙齿像楔子并向前倾，且只长着颚骨前部，据此可以判断它们能够将枝条上的叶子和针叶撕下来食用。剑龙的背部拱起，头部较低，所以它们可能吃蕨类、苏铁等的嫩叶，像棕榈一样的矮小植物，在中生代分布最为广泛。鸭嘴龙吃叶子、树枝、松针及松子等，因为一具被挖掘出来的鸭嘴龙化石显示它们刚刚进食这些植物。腕龙具有长长的脖子，因此推断它以树枝顶梢的嫩叶为食。禽龙没有牙齿，它角质的喙适合用来撕碎叶子。

最庞大的恐龙比今天的非洲象还要大15倍，连古生物学家都无法确切知道它们每天需要进食多少食物才能维持那个庞大的生命。

58 不飞鸟真的飞不起来吗

新生代的第三纪时期，气候是温暖湿润的，那时地面上生活着很多动物，不飞鸟就是其中的一种。不飞鸟长得很高，脑袋很大很长，有厚重的脚，脚上长着三个脚趾。它们的胸是平的，不像会飞的鸟，胸上有块凸起的骨头。它们还是食肉动物。不飞鸟是在恐龙全部灭绝后，地球上出现的另一种巨大杀手。它们原来是会飞的，是什么原因使它们变成不会飞的鸟呢？因为当时的气候很好，环境也特别好，陆地上生活着大大小小各种各样的动物，食物很丰富，所以它们不需要飞行寻找食物，也不必逃避什么敌害。因此，慢慢地它们就变得不会飞了。翅膀没有用处，不久也就退化了。现在地球上也有不会飞的鸟，如澳大利亚的鸵鸟、鸸鹋等，都是大型的不会飞的鸟。但是新生代时期的不飞鸟比这些鸟要大得多。

鸸鹋就是现代世界的“不飞鸟”。

59 恐龙具有哪些身体特征

恐龙在晚三叠纪才出现，而如何能够在侏罗纪迅速发展，并成为当时动物界的霸主呢？这与它的身体结构有关。

它们大多有粗壮的后肢和强有力的尾巴，这种三角形的架构，有利于它们站立时保持平衡。这种直立的姿态减小了地面对恐龙身体的压迫，并促进它们的消化系统、循环系统和神经系统等器官系统不断进化。

它们的前肢比较短小，所以四肢着地行进不太方便。很多恐龙都是只用后肢行走，这种行进方式一方面速度比较快，另一方面把前肢从行走中解放了出来，使前肢可以灵活地协助嘴来捕食猎物。这些特点使恐龙在爬行动物世界中具有更强的竞争力。

和哺乳类动物不同，在生长过程中，爬行动物的身体会一直生长到死，所以它们的寿命越长身体就越大。动物的身体越大，就越容易使体温保持恒定。大部分恐龙本就具有庞大的身躯，随着年龄的不断增加，它们的身体会越来越大，保持身体恒温的本领也越来越强，这对它们的生存有利。

由于恐龙身体庞大，它的脑往往要比人脑大得多，但是它们的脑在整个身体中所占的比重却远远小于人类。用于思考的大脑在人脑中占了大部分，但恐龙的大脑很小，并且处于不发达状态。在恐龙中，脑对于身体的比重最大的锯齿龙类，也不过和现在的鸵鸟差不多。

由此可见，即使它们和爬行动物相比已具有了很大的优势，但仍然是比较低级的动物，所以在中生代晚期的地质变动中，它们没有能够像哺乳动物一样幸免于难。

一般认为，恐龙的站立行走对它的进化起到了很大的帮助作用。

60 最大的史前爬行动物是什么

阿根廷龙可能是迄今为止发现的最大的恐龙

很长时间以来，生活在晚侏罗纪的腕龙，被认为是史前世界上最大的爬行动物。但后来发现的梁龙、地震龙、阿根廷龙等龙类可能都比腕龙大得多。

腕龙被认为是具有比较完整化石标本的恐龙中最大的成员。腕龙被估计达25米长，头部可提高至离地面13米处。古生物学家根据来自较大型标本的化石碎片，判断腕龙可以生长至比这个数值多15%。

现有的阿根廷龙化石——每节脊椎骨1.3米长，胫骨约为1.55米长，古生物学家综合这些骨头的大小及其他蜥脚类恐龙的特征，推测成年的阿根廷龙可达35米长，体重为80～100吨。按此推断，地球上史前最大的爬行动物应该是阿根廷龙。但目前仍没有完整的阿根廷龙化石出土，这个结论只是古生物学家的猜想。

61 剑龙是一种什么样的龙

剑龙最早出现在侏罗纪中期，在侏罗纪晚期开始繁盛，到白垩纪早期灭绝。剑龙是食草动物，以苏铁、蕨类植物的嫩芽等为食。由于白垩纪的植被和气候等环境因素开始发生变化，而剑龙因不能适应新的植物种类和环境而开始灭绝。但它能够在地球上存活一亿多年，一定有它独特的本领：两个脑子、骨质甲板。

剑龙又叫骨板龙，前肢短，后肢长，整个身体呈弧形高高拱起，高峰位于臀部，身后有和身体一样长的尾巴。整个剑龙最长达9米，体重可达两吨多。相对于庞大的身躯，它的脑部非常小，仅有乒乓球那么大，由此人们认为剑龙是比较笨的一类恐龙。其实不然，在它的臀部有一个比脑子大20倍的扩大神经球，这个神经球接受脑部的指令来指挥尾部和后肢行动，所以有人说剑龙有两个脑子。

在剑龙的背部，从颈到尾排列着三角形的像剑一样的骨质甲板，叫做剑板，中部最大的像车轮一样大，两端逐渐变小，这些剑板像一把把锋利的剑，剑龙的名字正是由此而来。这些剑板有什么样的作用呢？有人认为，在剑龙遇到攻击时可以用这些锋利的剑板防御敌人，让那些食肉动物无从下手；也有人认为，由于剑板内部呈蜂窝状，并有丰富的血管，一旦遇到伤害，就会血流不止，所以不适合用于防御。由于这些剑板的颜色和苏铁等植物颜色相似，所以有的科学家推断这些剑板是为了伪装，使自己不易被发现，从而避免攻击。也有人认为，这些剑板有调节体温的作用。

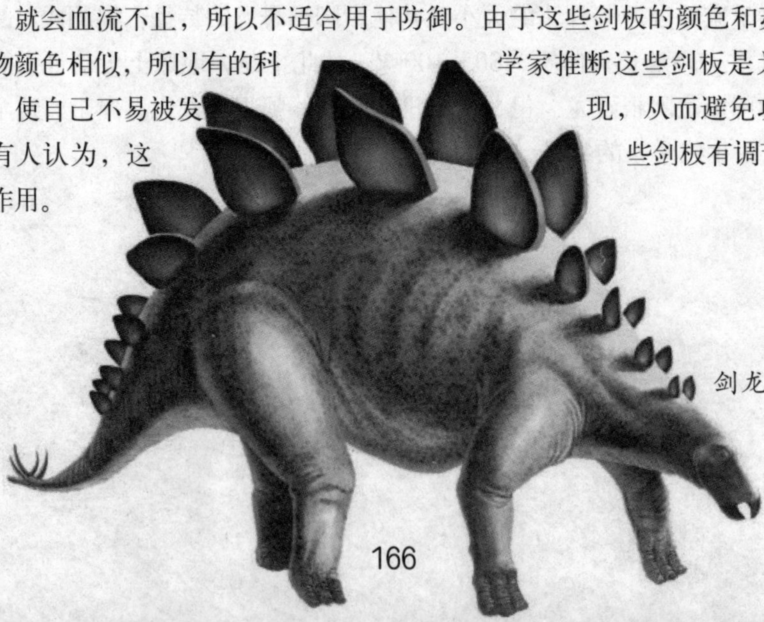

剑龙

62 始祖鸟和现代鸟有什么区别

有些学者认为始祖鸟是最早的鸟类，因为人们从始祖鸟化石中发现，它有翅膀，背部和腿上也有羽毛，并且具有现代鸟类羽毛的特征。但始祖鸟和现代鸟又有很大的区别，除了长臂，其骨骼与小型食肉恐龙相同，因而部分学者认为始祖鸟并非现代鸟类的祖先，而是披着羽毛的恐龙。

始祖鸟的头部有一块被称为颚骨的头骨，这一点与许多两脚恐龙相似。始祖鸟的脚有三个像长爪一样的脚趾。第一个脚趾不能翻转，而现在的鸟类第一个脚趾是可以翻转的。研究者认为，始祖鸟没有能够翻转的脚趾，所以不能像现在的鸟类一样栖息在树枝上。它的第二个脚趾可以延伸，和某些恐龙（如霸王龙）的脚趾相似。

始祖鸟和现代鸟有很多不同之处：始祖鸟的嘴巴是肉质的，并长有锯齿状的细小牙齿，不同于现在鸟类的喙。始祖鸟的脊椎骨在尾部继续延伸，形成一条长长的尾巴，而现代鸟的脊椎骨在尾部结束，没有尾巴，我们看到的现代鸟的尾巴是羽毛。

始祖鸟的化石显示它的胸部骨骼和现代鸟不同，可能没有发达的胸肌带动翅膀起飞，所以它无法像现代鸟一样飞翔，而只能短距离地滑翔。始祖鸟生活的年代离现在太遥远了，人们只能通过有限的几个始祖鸟化石“大胆假设，小心求证”，很多论断都存在争议，有待于进一步考察。

始祖鸟

63 哪种动物是现存的奇蹄类动物

奇蹄类动物是哺乳动物的一个子类，主要指脚趾是奇数的有蹄类动物。原始奇蹄动物的脚趾是前三后四的构造，现存的奇蹄动物貘的脚趾结构就是这样。奇蹄类的脚的中轴连接着中趾，第一趾（大指）和第五趾基本上都退化消失，前后脚通常只有三个趾承担身体重量，多数奇蹄类动物的趾端是蹄子，只有一趾端是爪子形状。奇蹄类动物的胃是单室胃，有很大的盲肠和扩大的结肠，不适合进行复杂的植物纤维消化，因此在草原蔓延地球时，奇蹄类动物逐渐衰落下来。

奇蹄类动物由古新世的踝节动物进化而来，从始新世时开始分化，并成为当时十分繁盛的种群，分化出很多形态不同的种类。现存的奇蹄类动物主要有两种：马型类（包括马科和已经灭绝的雷兽科共九种），角型目（包括貘科四种和犀科五种），目前已经发现的奇蹄类动物化石有200多种。

貘是现存的奇蹄类动物的典型代表，也叫做“獏”，主要分布在美洲等地，是南美洲现存体形最大的陆生哺乳动物。和大多数奇蹄动物一样，它前脚四个脚趾，后脚三个，善于游泳。貘的体形比猪大，圆长的鼻子可以自由伸缩，尾巴很短，皮厚而毛长。现存的貘主要有山貘、中美貘、南美貘、马来貘四种。

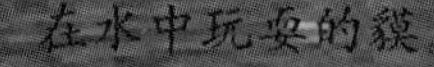

在水中玩耍的貘。

64 恐龙是如何分系的

恐龙的种类十分丰富，科学家们根据恐龙的牙齿化石将恐龙分为食肉类和食素类，这是从生活习性方面划分，属于大概的分类。科学的分类则以恐龙骨胳化石的形状为标准，将恐龙分为两大类，一类叫做蜥臀类，一类叫做鸟臀类。

恐龙与其他爬行动物的最大区别在于它们能够站立，并且以两条腿奔跑。恐龙的四肢在身体的正下方位置，相对于那些四肢向外伸展的爬行动物（如鳄鱼类），在行进时更为有利。蜥臀类和鸟臀类恐龙的区别在于其臀部的腰带结构。蜥臀类的恐龙，腰带从侧面看是三射型，坐骨则向后延伸，因与蜥蜴的腰骨结构相似而得名。鸟臀类的恐龙，骨盆从侧面看是四射型，肠骨向前后扩张，耻骨前侧有骨突伸在肠骨下方。

蜥臀类恐龙又分为蜥脚类和兽脚类两种，蜥脚类恐龙又分为原蜥脚类和蜥脚形类，主要生活在三叠纪晚期到侏罗纪早期这一段时间；兽脚类恐龙主要生活在三叠纪晚期到白垩纪，以食肉恐龙为主。

鸟臀类恐龙主要分为五大类：鸟脚类、剑龙类、甲龙类、角龙类、肿头龙类。鸟脚类是鸟臀类恐龙甚至整个恐龙家族中留下化石最多的一个恐龙类群，生活在三叠纪晚期至白垩纪，全部是素食恐龙。剑龙类，生活在侏罗纪到白垩纪早期，是最先灭亡的恐龙类群。甲龙类主要出现于白垩纪，是素食恐龙。角龙类多数生活在白垩纪晚期，以植物为生，是在我国北方发现的鹦鹉嘴龙的角龙类的祖先类型。肿头龙类主要生活在白垩纪。

肿头龙属于鸟臀目恐龙，它可以直立行走。

65 恐龙的生活环境是怎样的

恐龙最早出现在中生代的晚三叠纪，这个时期陆地整体气候由干旱向湿热发展。三叠纪的陆地是一个大块，各板块还没分开，内陆有很多地方离海岸线太远，得不到带有湿气的海风的滋润，所以陆地上有大片的沙漠。在这样的气候环境下，耐干旱的真蕨类和裸子植物得到发展，随着气候变得湿热，这些植物生长繁衍得越发茂盛，为当时的动物（包括早期的恐龙）提供了所需要的食物。

在恐龙称霸天下的侏罗纪，地球的气候非常温暖潮湿，一年当中不分四季，只分旱季和雨季，赤道附近和两极的气温相差不大，这样的气候条件非常适合植物生长。此时的联合古陆开始逐步分裂漂移，海洋上的湿热空气沿着裂缝吹进内陆，沙漠的干旱状态得到改善，植物也随之到来，这个时期的陆地上广泛覆盖着茂盛的裸子植物和蕨类，侏罗纪时的世界就是恐龙的天堂。

进入白垩纪，恐龙开始慢慢衰落，这和气候环境的变化息息相关。中生代中、晚期，陆地板块分裂漂移加速，火山爆发使空气中的二氧化碳含量激增，大气层氧气含量是现在的150%，气温比现在的温度高4℃。这种气候促使新的物种出现，被子植物开始出现，并在白垩纪得到发展取代了裸子植物的地位。有些恐龙由于不适应新的食物而走向衰亡；同时地质结构的变化使赤道和两极的温差加大，气候变得干热，由于常年干旱，大批植物死亡，导致食草恐龙数量锐减。白垩纪末期，气候出现寒冷趋势，环境的变化使恐龙的生产地盘逐渐缩小，最终走向灭亡。

禽龙

66 恐龙家族有着怎样的兴衰过程

三叠纪时期，槽齿类爬行动物迅速发展，具有多样性，并在晚期进化出了原始的恐龙。此时，恐龙的两大目——蜥臀目和鸟臀目，都已有不少种类，在生态系统占据了重要地位。三叠纪被称为“恐龙时代前的黎明”。

侏罗纪是恐龙的鼎盛时期，在三叠纪出现并开始发展的恐龙已迅速成为地球的统治者。恐龙种类繁多、形态各异，生活习性也不大相同，正是这种复杂多样性使它们遍布大陆的每一个板块。有的身体很庞大，如梁龙、腕龙，身体可达二三十米，体重几十吨；有的体形很小，鹦鹉龙就只有1米多长；有的食肉，如霸王龙；有的吃植物，如雷龙。正是这些特点使它们能够在地球的各大陆上生存繁衍，称霸一方。

现在的主流观点是，恐龙的灭绝是由于白垩纪晚期一颗小行星猛烈撞击地球造成的。

白垩纪，恐龙由鼎盛走向完全灭绝。由于环境的变化，一些恐龙种类开始灭亡，剑龙是最早灭绝的种类。但鸭嘴龙、甲龙、角龙及肿头龙却在晚白垩纪迅速发展，特别是角龙，虽然晚白垩纪才在地球上出现，却在很短的时间内就进化出了丰富的种类。我国北方发现的鹦鹉嘴龙就属于角龙类早期的一种。白垩纪恐龙种类达到极盛，陆地上出现过的最大的食肉动物——霸王龙也活跃于这个时期。

白垩纪末，地球上的生物经历了又一次重大的灭绝事件：在古生物界占统治地位的爬行动物大量消失，恐龙完全灭绝，究竟是什么原因导致恐龙和大批生物突然灭绝？这个问题目前仍是地质历史中的一个难解之谜。

67 冰河世纪指的是什么时代

冰河世纪就是冰川期，是指气候酷寒、地球上的广阔大陆区域被冰川覆盖的时期。地球从诞生后气候就一直变化，温暖和寒冷交替着出现。关于一共有几次冰川期，科学家们还没有确切的答案，现在流行的观点认为地球经历了三个冰川期，第一个是古生代早期的震旦纪大冰川期，距今约六亿年，第二次冰川期发生在古生代后期的石炭纪到二叠纪之间，第三次冰川期发生在新生代更新世，这次冰川期也是地球历史上最近一次大冰川期。大约在100万年前，当时世界上大陆有32%的面积被冰川覆盖，人们把这个时代称为冰河世纪，也叫做冰川时代。

冰川是极地或高山地区沿着地面不断运动的巨大冰块和降落在这些地带的大量积雪受到重力和压力的共同作用，形成巨大的冰块，而不断的降雪和寒冷的气候使得这些冰融化得很慢，冰川融化的水顺着地势往下流到高温处，冰川的形状像舌头，高低不平，而且深的地方有裂口。冰川主要为大陆冰川和山岳冰川两大类。当气候转向寒冷，冰川移动速度加快，覆盖大陆面积增大时就进入了冰河世纪。随着气温的回升，冰川又会逐渐消融，冰川期也就随之结束。冰川面积的扩展和退缩，对整个地球环境和生物界有极大的影响。

在冰河世纪的寒冷世界里，原始人类正在捕杀猛犸象。

动画片《冰河世纪》就描述了因为地球气温变化而发生冰川移动，地球进入冰河世纪的故事。地球的气候是冷暖交替出现的，历史上出现的多次冰川时期就是证明，在不确定的将来，地球还会经历冰河世纪。

68 化石是怎样形成的

化石是指生活在遥远时代的生物，死后的遗体或遗迹变成的石头。最常见的化石是由动物牙齿和骨骼形成的。动物死亡以后，内脏、肌肉等柔软的组织很快便会腐烂，尸体内的有机物质会逐渐分解，而骨骼和牙齿等组织因为含有较多的无机物质能保存较长时间。动物的骨骼、牙齿，植物的外壳、枝叶等坚硬部分和周围的沉积物一起被泥沙掩埋；同时，那些动物活动时留在地上的痕迹也一起被掩埋，随着地层的变化，这些东西逐渐被石化而形成化石留存下来。化石是研究古代动、植物的珍贵资料，通过对化石的研究，可以推断出当时的自然环境，古代动、植物的生活情况，以及地层形成的年代和经历的变化等。

化石的形成取决于多种因素，主要因素有两个：

1.通常是动、植物坚硬的部分，如骨骼、牙齿、外壳、枝干等。

2.生物在死亡后能瞬间被掩埋，避免被毁灭。如果动物的身体有压碎、腐烂的部分，就可能失去变为化石的可能性，比如说火山爆发时瞬间将动、植物掩埋，相对容易形成化石。

目前世界上发现的恐龙化石主要有以下几种：骨骼化石、牙齿化石、恐龙蛋化石、恐龙脚印化石、恐龙粪化石、恐龙胃化石、恐龙皮肤化石等多种。这些恐龙化石分布在世界各地，是进行恐龙生活习性、生存环境、进化过程等科学研究的珍贵资料。

几只戟龙在过河时被淹死，几亿年过后，它们的尸体就有可能成为化石。

69 恐龙的爪子有什么用途

在目前发现的恐龙化石中，几乎所有恐龙的手指和脚趾上都长着爪子，这些爪子都由“角蛋白”这种坚硬的物质构成，和我们人类手指甲和脚趾甲的构成成分一样！

不同类型的恐龙爪子形状不同，作用也不同。恐爪龙手上的爪子尖锐而且很长，像钩子一样，能够牢牢抓住猎物并撕开皮肉，狮子的爪子就是类似的形状。禽龙脚上的爪子又圆又钝，和鹿的蹄子十分相像，而手上的爪子的大拇指则比其他四个指头长出一截，像钉子一样，能攻击敌人。迷惑龙的爪子和大象的一样，都是又扁又平，它的脚趾甲结实而锋利，就像直接长在脚掌上。

70 恐龙繁殖后代的方式是怎样的

恐龙属于爬行动物，和现存的许多爬行动物一样，它们大多都是卵生，少数是卵胎生，恐龙蛋化石就是恐龙卵生的最好证据。

卵生是指爬行动物所产的卵能够在体外发育并孵化，卵生恐龙生蛋前先在地上或土堆上刨出一个坑，蛋被围成一圈，排列得很整齐，一般一窝蛋在十几个到三四十个不等。常见的恐龙蛋有圆形、扁圆形、橄榄形、长形、圆柱形、椭圆形等，有些恐龙生下蛋后用土把它们掩埋，有些自己看守、孵蛋并喂养小恐龙长大。

卵胎生是指爬行动物所产的卵在体内发育并在排出之前或者紧随其后即孵化，卵胎生的恐龙较少。英国自然史博物馆的艾伦·查理格博士认为小型的兽脚类恐龙就是卵胎生的。另外，卵胎生的恐龙还有出现于三叠纪早期的鱼龙。

一对副栉龙夫妇正慈祥地看着自己的孩子出生。

71 巨型恐龙有哪些

巨型恐龙主要是恐龙中的蜥脚类恐龙，主要有腕龙、马门溪龙、重型龙、梁龙、阿根廷龙等。

腕龙生活在晚侏罗纪时代，很长时间以来，腕龙一直被认为是世界上最大的动物，被估计达25米长，头部可提高至离地面13米处。但实际上，后来发现的阿根廷龙等都比腕龙大。

梁龙生活于侏罗纪末期的北美洲西部，它的身体可达27米长，当中6米是颈部。它的颈部由最少15节颈椎组成，一般维持在水平的方向，且不可能提高。体重估计在10～16吨。

地震龙生存在侏罗纪晚期，它的体长超过40米，体重超过100吨，是尾巴最长的恐龙，也是有史以来陆地上最长的动物之一。由于颈骨数量少且韧，因此地震龙的脖子并不能像蛇颈龙一般自由弯曲。

脖子最长的恐龙是马门溪龙。是中国目前发现的最大的蜥脚类恐龙，全长22米，体躯高将近4米。它的颈由19个颈椎组成，是蜥脚类中最多的一种。

阿根廷龙生活在白垩纪时期，是蜥脚类动物进化的终极产物。在侏罗纪末、白垩纪初，地壳活动非常剧烈，大部分侏罗纪时的蜥脚类动物，因不适应地壳运动导致的气候变化而灭绝。白垩纪初期的气候更加冷，南美洲成了唯一一个适合蜥脚类动物生存的地方。为了适应寒冷的环境，当地的蜥脚类动物变得更大，比侏罗纪时期生活的很多巨型蜥脚类恐龙还要大。虽然现在还没有发现完整的阿根廷龙化石，但科学家据1987年在南美洲发现的一些脊椎骨推测，这些骨骼的主人比侏罗纪的庞大物种至少大30%，可能有8层楼高。

梁龙的体长可达27米。

72 鸟臀目恐龙有牙齿吗

鸟臀目恐龙分为鸟脚类、角龙类、甲龙类、剑龙类和肿头龙类，它们大多数都长有喙一样的嘴，除了某些原始的鸟脚类外，其他种类的鸟臀目恐龙都吃素，它们大部分没有牙齿，有的有牙齿但仅限于颊部，并有退化的趋势。

鸟脚类的原始类群——畸齿龙类，生活在侏罗纪的早期，它们有大量小型牙齿，能够帮助它们有效地研磨食物。不同于同时代的鸭嘴龙类和鱼龙类恐龙，肿头龙有比较锐利的牙齿，但不足以嚼烂坚韧植物。角龙类中的鹦鹉嘴龙生活在白垩纪早期，以植物为食。那个时期，一些裸子植物和蕨类植物已开始被被子植物取代，对于这些木质坚硬的茎，它那宽而平的牙齿根本帮不上忙。除此之外的鸟臀目恐龙类几乎都没有牙齿。

原角龙是鸟臀目恐龙的一种，它嘴部的形状就像鸟的喙一样又尖又窄。

73 三角龙的角都长在什么位置

一些食草恐龙为了抵御食肉动物的侵犯，在进化的过程中，身上长出坚甲来保护自己。这些坚甲有的是锋利的大角，像钉子一样尖锐，有的是坚硬的骨头，像盔甲一样厚实。食草恐龙在这些坚甲的保护下，才能不受到像暴龙那些巨型食肉恐龙的攻击。

三角龙就是身披坚甲的食草恐龙。三角龙的身体有9米多长，3米高，体重有5吨多，生活在6500万年前的非洲一带，属于大型的角龙类，和暴龙生活在同一时期的北美大陆。三角龙因为长着三个角而得名，三只角中，有两只比较大的长在眼睛上方，尖角大约1.2米长，一只比较小的长在鼻子上，短小而厚重。三个角组成一个三角形，在防御敌人时有很强的杀伤力，有12吨重、被激怒的三角龙会以每小时15千米的速度冲出。除了角，三角龙的脖子和肩膀部位还长着像盾牌一样的大圈坚硬骨头，这些颈部骨头盾牌和脸上的尖角组合在一起，成为三角龙的防身武器，使三角龙看起来很厉害很可怕。但事实上，三角龙平时只是安静地寻找草类食物，只有在受到攻击时，才会使用自己的武器。

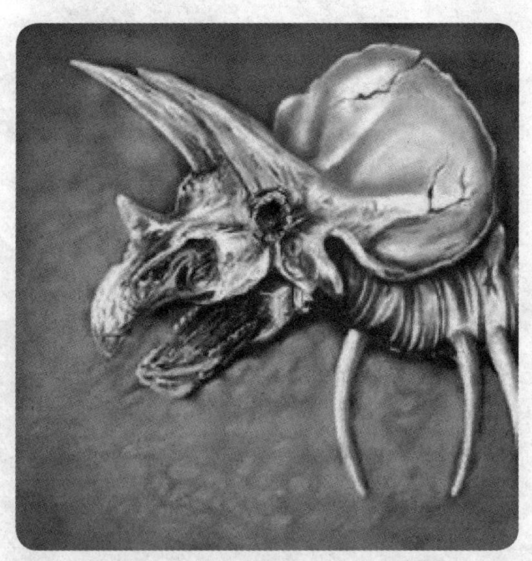

三角龙的头骨化石，可以明显看到三只角长的位置。

科学家们推测，三角龙的角和颈盾是强有力的防御武器，它曾经以强壮结实的体格和锋利的三角与暴龙展开过无数捍卫战争。除此之外，角和颈盾在求偶时还能起到装饰作用，以便吸引异性。

74 蛇颈龙的脖子很长，行动会灵活吗

蛇颈龙是生活在海洋中的一种食肉恐龙。

蛇颈龙是生活在三叠纪晚期到白垩纪晚期的海生爬行类动物，在地球上的分布十分广泛。蛇颈龙头小、口大、颈长，躯干像乌龟，尾巴短。口内那些细长的锥形牙齿，是它的生存武器，以捕鱼为生。蛇颈龙因它长长的像蛇一样的颈部而得名。它们的身体非常庞大，长达11～15米，个别种类达18米。

我们所看到的科学复原图中，蛇颈龙的颈部非常灵活，它们的龟状躯干浮在水中，长长的颈部像天鹅一样优雅地弯曲着。这些科学复原图符合美国最出名的古生物学家之一D.C.克普对蛇颈龙的描述。1872年，他在一份报告中说："在一望无际的古代海洋上，一群蛇颈龙高昂着脖子在水面上巡游着……我们不难想象那高高的、柔韧的脖子像捕鱼船或蛇一样，灵活地旋转扭曲，把鱼赶到一起。""蛇一般的脖子活动自如，犹如优美的天鹅一样……"由于克普在古生物领域享有极大的声望，所以他所做的关于蛇颈龙的描写能够深入人心，直到今天很多人仍是这样想象蛇颈龙的。

早在1914年科学家就已经确认，蛇颈龙的颈椎骨基本不能活动，只能做极小弧度的摆动和升降。另外，蛇颈龙的两端极不平衡，一端是细长的颈，一端是短粗的躯干，如果它在深海里抬高脖子会导致身体不平衡：按照物理原理，有作用力就要有反作用力，所以在没有支撑点的深水里，物体的一端升高，另一端就难以保持平衡。所以说蛇颈龙的颈部不可能像蛇一样灵活。

75 速度最快的恐龙是哪种

从自然界中我们可以发现，那些身体纤细、腿长的动物在奔跑时速度都很快，比如说目前世界上奔跑速度最快的猎豹，每小时可达到125千米，跳羚的速度是每小时88千米，老虎的速度是每小时80千米。而像大象、河马这些身体笨拙、体积庞大的动物跑起来就比较缓慢，大象的速度是每小时40千米，河马是每小时40千米，恐龙也一样，那些又重又大的巨型恐龙，奔跑速度就很慢。在所有恐龙中，似鸵龙的速度最快。似鸵龙的身体有4米长、2米高，在恐龙家族中算是“小”辈，但它的后腿很长，为什么叫似鸵龙呢？因为它们长有和鸵鸟一样的巨大脚爪，并且奔跑速度和鸵鸟一样，每小时能达到70千米。

似鸵龙

76 巨河狸有着怎样的生活习性

巨河狸也是生活在冰川世纪的一种动物，它的生活习性和现代的河狸很相似，但身体比现代的狸要大，牙齿也很长。为什么巨河狸要长这么长的牙齿呢？它要去咬其他的小动物吗？不是的，巨河狸是吃草的，它长那么长的牙齿，只是为了方便采食当时粗糙的植物。它大部分时间是生活在水里的，但不像现在的狸，要在水里建造水堰来保护自己。巨河狸在冰河世纪的沼泽地里生活了数千年，直到最近的一万年左右，才突然灭亡。

现代河狸就是巨河狸的后代。

现在的河狸是什么样子的呢？现在的河狸也叫海狸，长得胖胖的，头很短、眼特别小，耳朵和脖子也是又短又小。但它的牙齿很锋利，咬东西非常快，甚至能在两小时内咬断一棵树。它的前肢很短，但后肢很粗大，趾间有蹼，所以很善于游泳。特别奇怪的是，它还长着一个搔痒趾，可以用它来搔痒。它的毛发亮，看起来很可爱。它的胆子特别小，常在夜间活动，白天几乎不出来。它善于游泳和潜水，一旦发现危险，就马上跳入水中躲起来。它有一个独特的本领，就是垒坝。只要是河狸待过的地方，无论是池塘、湖泊，还是沼泽，都有它用树枝、石块，或者泥巴垒成的堤坝，可挡住溪流的去路，保护它自己的洞口，防止天敌的侵扰。河狸的洞穴常在河边的树根下，或者水边的陡岸上，洞口藏在水中，并且留着和地面上通气的孔，但孔是用一堆树干遮盖的。它的巢里很宽阔、很干净，铺着干草，当然也很暖和啦！

主要参考文献

[1] 杜宝东.孩子最想明白的疑问：动物[M].哈尔滨：哈尔滨出版社，2008.

[2] 刘畅.孩子最感兴趣的101个动物奥秘[M].北京：海豚出版社，2008.

[3] 学习型中国·读书工程教研中心.史前动物[M]. 哈尔滨：哈尔滨出版社，2009.